高等职业教育“十二五”规划教材

Java程序设计项目化教程

向昌成　聂　军　主　编

徐清泉　葛日波　徐守江　副主编

清华大学出版社

北　京

内 容 简 介

Java是一种可以编写跨平台应用软件的面向对象的程序设计语言。本书从实践的角度阐述了Java编程的基本语法和常见的应用，将“员工信息管理系统”按照Java学习的步骤进行拆分，主要包括员工薪酬计算、员工薪酬的统计、面向对象的员工薪酬管理、异常的处理、图形化员工信息管理、基于文件的员工信息的保存和读取以及基于数据库的员工信息管理系统。本书前部分以“员工信息管理系统”为主线，由浅到深，逐步介绍了Java的编程知识。后3章分别以彩球飘飘、简单网络聊天室和获取IP地址的地理位置为例来介绍利用Java实现多线程编程和网络编程。

本书结合Java学习和应用的特点，在内容上从基本语法入手，以实例作为学习引导，由浅到深，使读者能够从实例中学会Java的基本知识和编程技巧。

图书在版编目（CIP）数据

Java程序设计项目化教程/向昌成，聂军主编．—北京：清华大学出版社，2013.4（2017.2重印）
高等职业教育“十二五”规划教材

ISBN 978-7-302-31503-2

I. ①J…　II. ①向…　②聂…　III. ①JAVA语言-程序设计-高等职业教育-教材　IV. ①TP312

中国版本图书馆CIP数据核字（2013）第027127号

责任编辑：杜长清
封面设计：刘　超
版式设计：文森时代
责任校对：王亚伟
责任印制：杨　艳

出版发行：清华大学出版社
网　　址：http://www.tup.com.cn，http://www.wqbook.com
地　　址：北京清华大学学研大厦A座　**邮　　编**：100084
社 总 机：010-62770175　**邮　　购**：010-62786544
投稿与读者服务：010-62776969，c-service@tup.tsinghua.edu.cn
质 量 反 馈：010-62772015，zhiliang@tup.tsinghua.edu.cn
印 刷 者：北京富博印刷有限公司
装 订 者：北京市密云县京文制本装订厂
经　　销：全国新华书店
开　　本：185mm×260mm　**印　　张**：13.5　**字　　数**：312千字
版　　次：2013年4月第1版　**印　　次**：2017年2月第3次印刷
印　　数：5001～6000
定　　价：25.00元

产品编号：051926-01

丛书编委会

丛书编委会院校名单

（按拼音排序）

前　言

Java 语言是由美国 Sun 公司开发的一种具有面向对象、分布式和可移植等性能并且功能强大的计算机编程语言。近年来，Java 技术受到越来越多程序员的追捧，并且逐渐发展成为 Internet 和多媒体相关产品中应用最广泛的语言之一。很多高等院校也将 Java 程序设计列为计算机专业学生的必修课程。

本书语言叙述通俗易懂，面向实际应用。内容组织采用任务引领教学法，突出高职高专的教育特色。本书适用对象是高职高专学生、普通高等院校学生，以及那些想在短时间内掌握 Java 基础并能够灵活运用于实践的学习者。

本书旨在介绍 Java 语言的基础知识，引导读者借助 Eclipse 开发环境学习 Java 语言的基本语法知识和面向对象设计的基本方法。书中围绕“员工信息管理系统”，从浅到深，逐步介绍 Java 的语法和面向对象的程序设计。在后 3 章介绍了利用 Java 如何实现多线程编程和网络编程。

全书总共 11 章，每章包含 1～3 个任务，每个任务都是从任务预览开始，然后围绕任务逐步介绍与任务相关的 Java 基本知识和基本方法。在讲述知识的同时，注重系统性、结构性和层次性，对一些知识点会进行适当的深层扩展。在每章的最后都会有每个任务的具体实现；读者可以上机实现这些程序来加深对本章知识的理解和掌握。学习 Java 语言不能只是学习理论知识，还必须进行实际操作，才能对知识有较深的印象，所以本书通过项目实训逐步介绍 Java 语言的基本知识和编程思想，以帮助读者建立深刻的印象。

本书在讲述知识点时，也会列举一些有价值且具有代表性的实例，这些实例尽可能围绕这一部分的任务进行剖析。

由于编者水平有限，书中难免有错漏之处，敬请广大读者批评和指正。

编　者

目　录

第 1 章 第一个 Java 程序

知识点、技能点

- Java 程序的运行机制
- JVM 的基本知识
- Java 程序的开发方法
- Eclipse 集成开发环境

学习要求

- 了解 Java 程序的运行机制
- 掌握 JDK 的安装步骤
- 熟悉 Eclipse 集成开发环境

教学基础要求

- 了解 Java 程序的运行机制
- 掌握 Java 程序的开发

1.1 任务预览

本章将编写和运行第一个 Java 程序，目标是在命令行上输出一个“Hello World!”字符串，如图 1-1 所示。

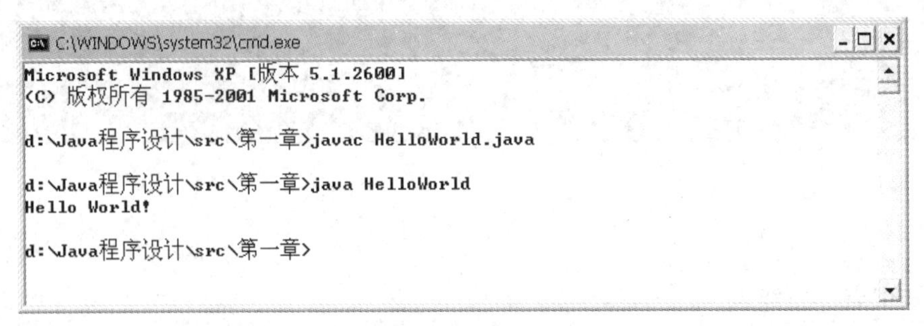

图 1-1 输出“Hello World!”

1.2 相关知识

1. Java 简介

Java 语言诞生于 1995 年，是美国 Sun 公司在 C 和 C++语言的基础上创建的，最初主要用于开发电冰箱、电烤箱之类的电子消费产品。目前已经广泛用于开发各种网络应用软件，成为最流行的程序设计语言之一。

Java 是一个纯面向对象的程序设计语言，它继承了 C++语言面向对象技术的核心，舍弃了 C++语言中容易引起错误的指针（以引用取代）、运算符重载（operator overloading）、多重继承（以接口取代）等特性，增加了垃圾回收器功能，用于回收不再被引用的对象所占据的内存空间，使程序员不用再为内存管理而担忧。

2. Java 程序运行机制和 JVM

计算机高级语言按照程序的运行方式可以分为编译型和解释型两种。

编译型语言使用专门的编译器，针对特定的平台将某种高级语言“翻译”成该平台可以识别的机器码，并包装成该平台可以识别的可执行程序。现有的 C、C++和 FORTRAN 等高级语言都属于编译型语言。

解释型语言使用专门的解释器将源代码逐行解释成特定平台的机器码并且立即执行，解释型语言不会进行整体的编译和链接处理。现在的 Python、Ruby 等语言都属于解释型语言。

Java 语言的机制比较特殊，Java 编写的程序会经过编译步骤，但是不会编译成特定平台的机器码，而是生成一种与平台无关的字节码——*.class 文件。这种字节码是不可以直接执行的，需要 Java 的解释器来进行解释执行。因此 Java 不是纯粹的编译型语言或纯粹的解释型语言，它需要先编译，然后再解释执行，如图 1-2 所示。

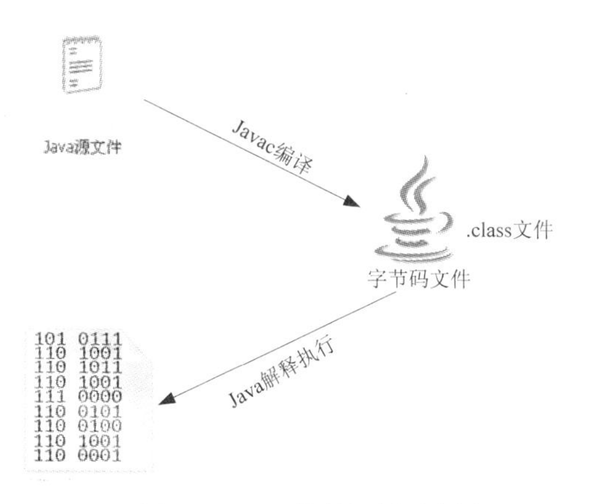

图 1-2　Java 执行机制示意图

Java 语言负责解释执行字节码文件的是 Java 虚拟机，即 JVM（Java Virtual Machine）。所有平台上的 JVM 向 Java 编译器提供相同的接口，因此编译器只需要面向虚拟机，生成虚拟机能够理解的代码。要想在不同的平台上运行相同的机器码基本是不可能的。Java 通过 Java 虚拟机很好地解决了移植性问题。用户编写的程序是面对 Java 虚拟机的，至于系统的差异性则由 Java 虚拟机来解决。

Java 从 1.2 版本开始，针对不同的应用领域，分为了 3 个不同的平台：J2SE、J2EE 和 J2ME。它们分别是 Java 标准版（Java Standard Edition）、Java 企业版（Java Enterprise Edition）和 Java 微型版（Java Micro Edition）。Java 标准版是基础，学习 Java 一般都是从标准版开始。本书讲述的就是 Java 标准版的程序设计。

3. JDK 的介绍及安装

使用 Java 语言编程前，必须在计算机中搭建 Java 开发和运行的环境，其中最基本的就是 Java 开发工具包（Java Development Kit，JDK）。JDK 现在的版本已经达到 1.7 以上。JDK 安装程序可以在 Oracle 官网 http://www.oracle.com/technetwork/java/javase/downloads 中下载，下载的文件按照 jdk-7uxx-windows-i586.exe 命名，其中“7uxx”表示 1.7 版本中的第 xx 次更新。

双击已下载的 JDK 文件进行安装，如图 1-3 所示。

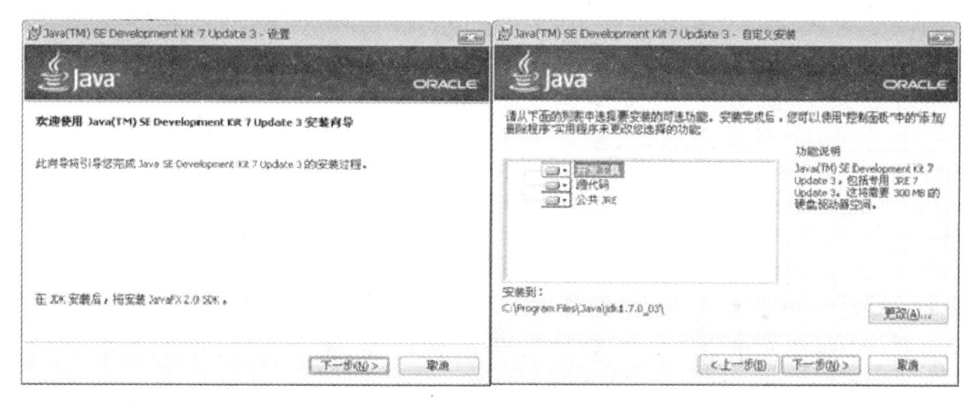

图 1-3　安装 JDK

JDK 安装完成后，还需要设置环境变量，主要有 JAVA_HOME 和 PATH。右击“我的电脑”图标，选择“属性”命令，弹出“系统属性”对话框，选择“高级”选项卡，再单击“环境变量”按钮，在弹出的“环境变量”对话框中单击“新建”按钮，如图 1-4 所示。在弹出的“新建用户变量”对话框中分别输入“JAVA_HOME”和 JDK 的安装路径，然后选中“PATH”变量，单击“编辑”按钮，在“变量值”前面加入“%JAVA_HOME%\bin”，并与后面的其他路径以“;”分隔，如图 1-5 所示。

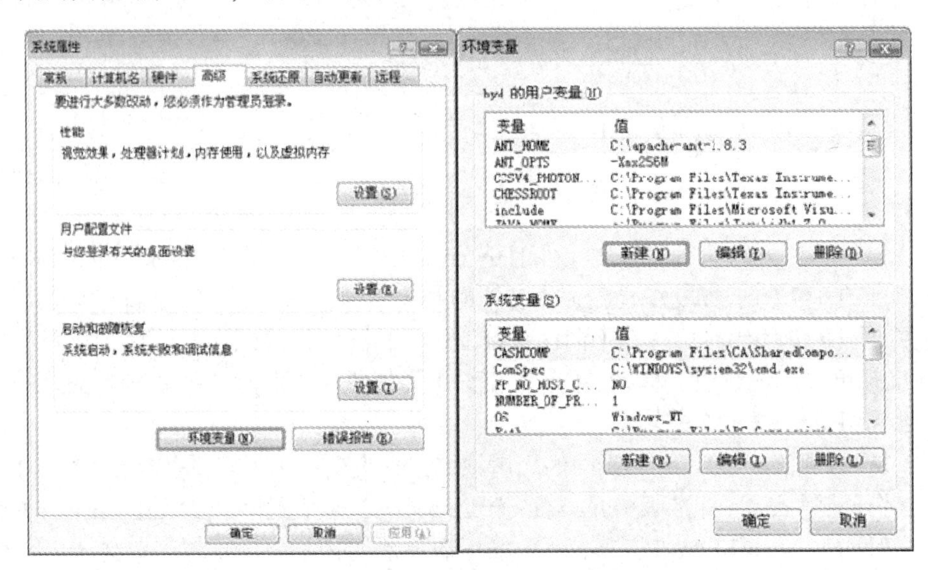

图 1-4　设置环境变量 JAVA_HOME

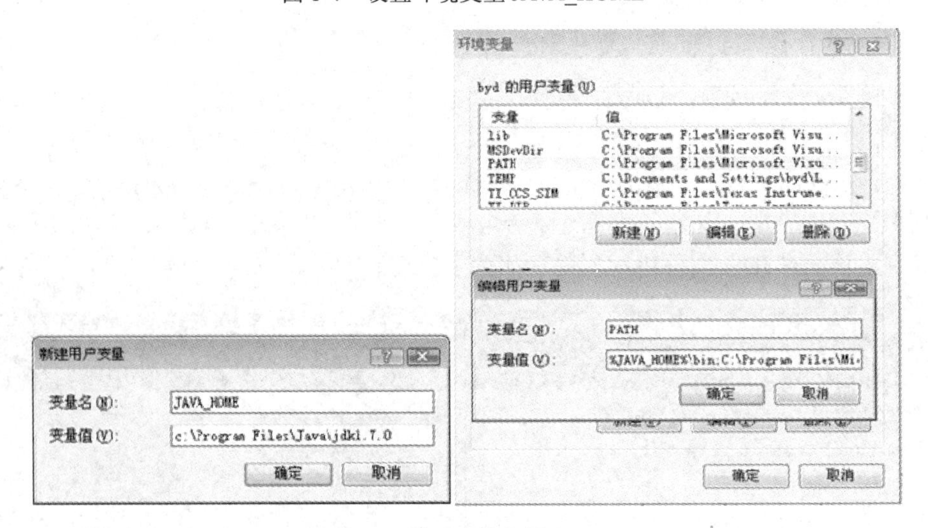

图 1-5　设置环境变量 PATH

设置完成后，需要重启计算机或者注销，然后可以通过以下方式来验证是否安装和设置成功。在“开始”菜单中选择“运行”命令，输入“cmd”，在打开窗口的命令行中输入“javac”，如果安装和设置成功，则会出现如图 1-6 所示的选项提示。

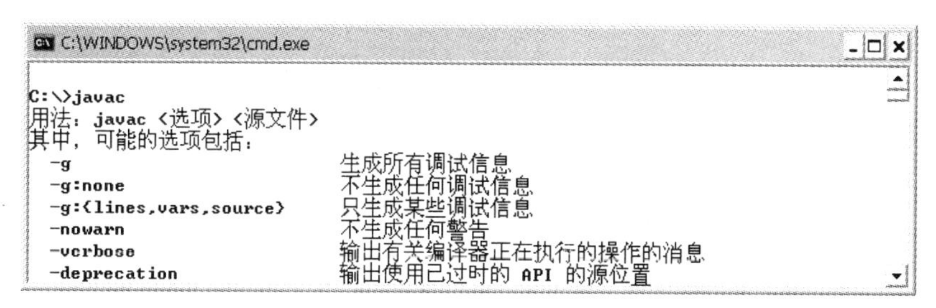

图 1-6　javac 选项

4. Eclipse 介绍

Eclipse 是一个开放源代码、基于 Java 的可扩展开发平台。就其本身而言，它只是一个框架和一组服务，用于通过插件组件构建开发环境。Eclipse 还附带了一个标准的插件集，包括 Java 开发工具 JDK。

Eclipse 集开发环境、程序编写、编译和运行于一体，可以在 Eclipse 的官网 http://www.eclipse.org/downloads 上进行下载。在 Eclipse 中，程序都是以项目的方式组织的。在使用 Eclipse 编写和编译程序之后，会生成后缀为.class 的字节码文件，这些字节码文件可以脱离 Eclipse 环境，在安装了 Java 运行环境（Java Runtime Environment，JRE）的计算机上运行。Eclipse 的启动界面和工作界面分别如图 1-7 和图 1-8 所示。本书的程序开发都将使用 Eclipse 进行。

图 1-7　Eclipse 启动界面

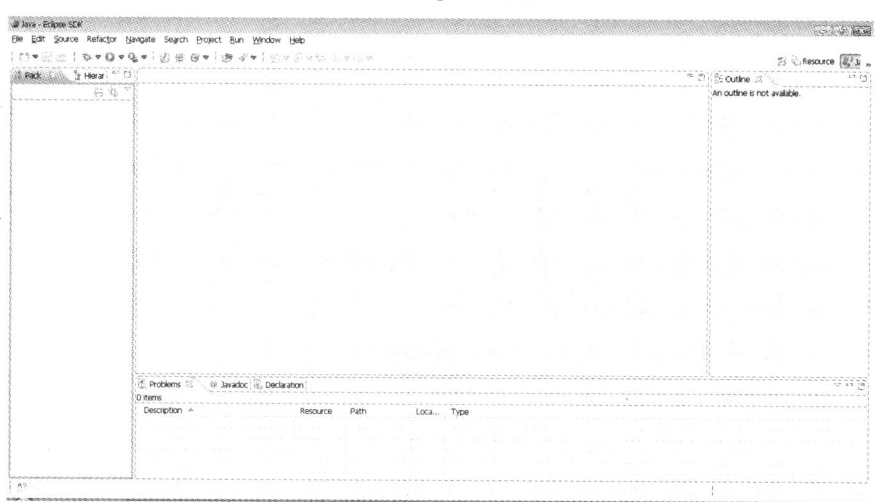

图 1-8　Eclipse 工作界面

1.3 任务实现

本节将编写一个 HelloWorld.java 程序来开始 Java 学习之旅。

1. 编辑 Java 源代码

在记事本中新建一个文本文件 HelloWorld.java，并在文件中输入以下代码：

```
public class HelloWorld {
    // Java 程序入口
    public static void main(String srgv[]) {
        // 在控制台输出 HelloWorld
        System.out.println("Hello World!");
    }
}
```

在编写程序时需要注意 Java 程序是严格区分大小写的。接下来就要将源代码编译成字节码了。

2. 编译 Java 程序

编译 Java 程序用的是 javac 命令。因为前面已经将 javac 的路径添加到 PATH 中了，所以只需要输入以下命令即可编译。

```
javac HelloWorld.java
```

编译成功后会生成与类名相同，后缀名为.class 的字节码文件 HelloWorld.class。

3. 运行 Java 程序

运行 Java 程序不能像其他可执行程序一样双击运行，而是需要使用 java 命令来运行。在命令行输入如下指令：

```
java HelloWorld
```

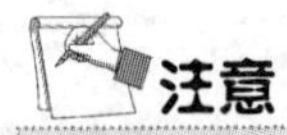

java 后面跟的是类名，而不是字节码文件名。上面的命令执行完成之后输出结果如图 1-9 所示。

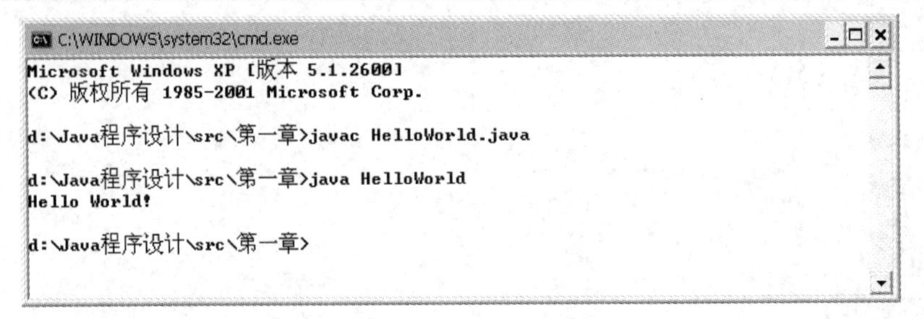

图 1-9 实现输出“Hello World!”

第2章 员工薪酬计算

知识点、技能点

- Java 标识符和关键字
- Java 的基本数据类型
- Java 控制台数据的输入和输出

学习要求

- 掌握和了解 Java 标识符的命名规则和常用的关键字
- 掌握 Java 的基本数据类型及其使用
- 掌握 Java 控制台输入数据和输出数据的方法

教学基础要求

- 掌握 Java 的基本数据类型
- 掌握 Java 在控制台输入和输出数据的方法

2.1 简单的员工薪酬计算

2.1.1 任务预览

编写一个 Java 程序，根据税前的薪酬和税率计算税后的薪酬，然后显示计算的结果，最终的效果如图 2-1 所示。

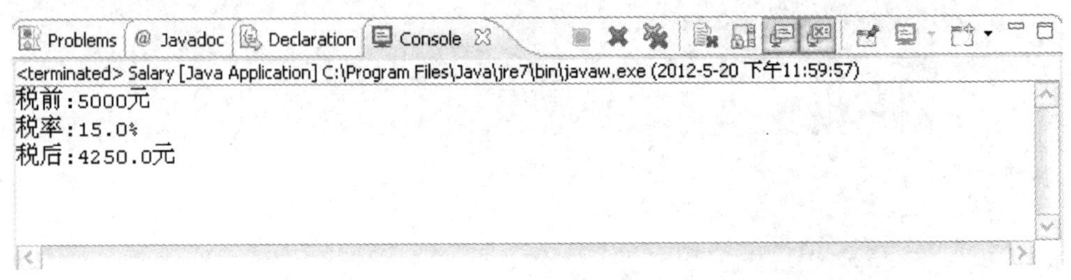

图 2-1 计算员工薪酬

2.1.2 相关知识

1. 标识符和关键字

（1）标识符

标识符是用于给程序中的变量、方法和类等命名的符号。在使用 Java 标识符时需要注意以下规则：

☑ Java 语言是区分大小写的，因此 ab 和 Ab 是两个不同的标识符。
☑ 标识符由字母、数字、下划线（_）、美元符号（$）组成，没有长度限制。
☑ 标识符的首字符必须是字母、下划线或美元符号。
☑ 标识符不能是 Java 关键字和保留字，但是可以包含关键字和保留字。
☑ 标识符不能包含空格。
☑ 标识符中的特殊符号只能包含美元符号，不能包含@、#等其他特殊符号。

例如：

合法的标识符：age、_age、$dollar、test_123

非法的标识符：@age、4test、a%ge、class

（2）关键字和保留字

Java 关键字（keyword）是编程语言预先定义的标识符，在程序中具有特殊的含义，不能将关键字定义为标识符。Java 关键字如表 2-1 所示。

表 2-1 Java 关键字列表

abstract	assert	boolean	break	byte	case
catch	char	class	continue	default	do

续表

double	else	enum	extends	final	finally
float	for	if	implements	import	int
interface	instanceof	long	native	new	package
private	protected	public	return	short	static
strictfp	super	switch	synchronized	this	throw
throws	transient	try	void	volatile	while

上面的 48 个关键字中，enum 是从 Java 5.0 开始新增加的关键字，用于定义一个枚举。除了上面 48 个关键字外，Java 还包括 goto 和 const 两个保留字（reserved word）。

2. 基本数据类型

Java 是强类型语言，每个变量和表达式在编译时就必须确定一个类型，也就是说所有变量必须先声明，然后再使用。

Java 语言的基本数据类型分为三类：数值型、字符型和布尔型。而数值型又分为整型和浮点型。Java 语言的基本数据类型可以表示成图 2-2 所示的结构。Java 语言的基本数据类型和 C 语言类似，但 Java 语言的各种数据类型占有固定的内存长度，与具体的软硬件平台无关。需要说明的是字符串 String 不是基本类型，而是一个类，与之类似的还有 Integer 等。

与 C 和 C++的主要区别是：Java 的 char 是两个字节，而 C 和 C++的 char 是一个字节。这样，Java 中一个 char 变量就可以存一个 Unicode 编码。

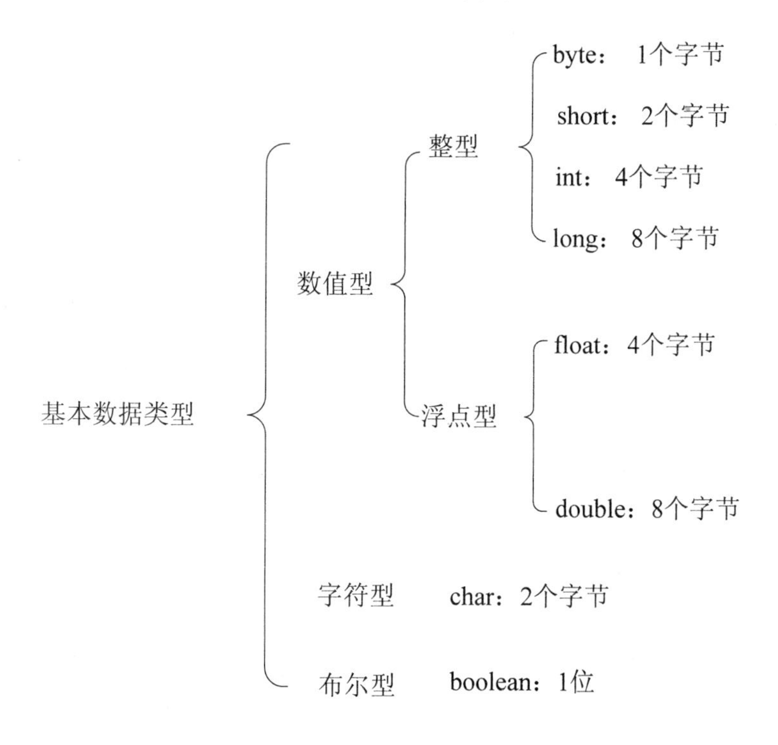

图 2-2　Java 基本数据类型

（1）整型

整型主要包含以下 4 种类型。

☑ byte：一个 byte 型整数在内存中占有 8 位，表示的数据范围是-128（-2^7）～127（2^7-1）。

☑ short：一个 short 型整数在内存中占有 16 位，表示的数据范围是-32768（-2^{15}）～32767（$2^{15}-1$）。

☑ int：一个 int 型整数在内存中占有 32 位，表示的数据范围是-2147483648（-2^{31}）～2147483647（$2^{31}-1$）。

☑ long：一个 long 型整数在内存中占有 64 位，表示的数据范围是-9223372036854775808（-2^{63}）～9223372036854775807（$2^{63}-1$）。

在 Java 中最常用的整型是 int，一个 Java 整型常量默认就是 int 型的。在对整型变量进行赋值时，需要注意以下两点：

☑ 直接将一个较小的整数常量（在 byte 或 short 范围内）赋值给一个 byte 或 short 变量，系统会自动将整数常量当做 byte 或 short 类型来处理。

☑ 将一个较大的整数常量（在 int 范围外）赋值给一个 long 型的变量，系统不会做处理。因此在将较大数赋值给 long 型变量时，需要在数值后面加上 l 或 L 来表示这是一个 long 型。

```
//下面代码是正确的，系统会自动将 64 当做 byte 型
byte byteNum = 64;
//系统不会将 6233743033854437431 当做 long 型，6233743033854437431 超过了整型的范围
long long Num = 6233743033854437431;
```

Java 中的整型变量有 3 种表示方式：10 进制、16 进制和 8 进制。默认的表示方式就是 10 进制，8 进制的整数以数字 0 开始，16 进制的整数以 0x 或 0X 开始，其中 10～15 分别用 a～f 或 A～F 表示。

```
//8 进制数以 0 开始
int octalNum = 012;
//16 进制数以 0x 开始
int hexNum = 0x1f;
```

（2）字符型

字符型通常用于表示单个字符，字符常量必须以单引号括起来。Java 字符使用 16 位 Unicode 编码方式，因此 Java 可以支持各种语言的字符。

字符常量主要有以下 3 种表示方式：

☑ 直接通过单个字符表示，如'a'、'3'和'-'。

☑ 通过转义字符表示特殊的字符常量，如'\t'、'\n'和'\b'。

☑ 使用 Unicode 数值来表示，格式为\uXXXX，其中 X 为一个 16 进制整数，如\u4E2D 表示“中”字。

Java 中常用的转义字符如表 2-2 所示。

表 2-2　常用转义字符表

转 义 字 符	说　　明	Unicode 码
\b	退格	\u0008
\n	换行符	\u000a
\r	回车符	\u000d
\t	制表符	\u0009
\"	双引号	\u0022
\'	单引号	\u0027
\\	反斜杠	\u005c

（3）浮点型

浮点型用于表示带有小数的数值。在 Java 中有两种浮点型：float 和 double。float 代表单精度浮点数，占有 4 个字节；double 代表双精度浮点数，占有 8 个字节。

Java 的浮点数有两种表示方式：

☑ 10 进制数形式。这就是平常简单的小数表示形式，如 2.24、0.32 和 12.0。需要注意的是浮点数必须包含小数点，否则会被当做 int 型处理，也可以在后面加 F 或 D 表示这是一个浮点数。

☑ 科学计数形式。如 3.12e2（表示 312）。

注意

只有浮点型才可以表示为科学计数形式。例如，312000 表示一个 int 型的数，但是 312e3 却表示一个浮点数。

Java 语言的浮点数值默认是 double 型的，若希望将一个浮点型数值当做 float 型，只需要在数值后面加上 F，如 3.12F。

除此之外，Java 还提供了以下 3 个特殊的浮点型常量。

☑ 正无穷大：Double.POSITIVE_INFINITY 或 Float. POSITIVE_INFINITY。

☑ 负无穷大：Double.NEGATIVE_INFINITY 或 Float. NEGATIVE _INFINITY。

☑ 非数：Double.NaN 或 Float.NaN。

（4）布尔型

布尔型 boolean 用于表示逻辑上的“真”和“假”。Java 语言中布尔型的变量只能是 true 和 false 两个值，不能用 0 或非 0 来代替，并且 boolean 变量不能与整型变量相互转换。

3. 运算符及其优先级

表 2-3 中给出了运算符的优先级。如果不使用圆括号，就按照表中给出的优先级顺序进行计算。同一优先级的运算符按从左到右次序进行运算（除表 2-3 中给出的右结合（从右到左）运算符）。

例如，由于++的优先级高于*，因此表达式 a*++b 等价于 a*(++b)。由于+=是右结合运算符，因此表达式 a+=b+=c 等价于 a+=(b+=c)，也就是先将 c 加到 b 上，然后把相加之后的结果加到 a 上。

表 2-3　运算符优先级

运　算　符	结　合　性
[]、.、()（方法调用）	从左到右
!、~、++、--、+（一元运算符）、-（一元运算符）、()（强制类型转换）、new	从右到左
*、/、%	从左到右
+、-	从左到右
<<、>>、>>>	从左到右
<、<=、>、>=、instanceof	从左到右
==、!=	从左到右
&	从左到右
^	从左到右
|	从左到右
&&	从左到右
||	从左到右
?:	从右到左
=、+=、-=、*=、/=、%=、&=、|=、^=、<<=、>>=、>>>=	从右到左

2.1.3　任务实现

在实现任务前，先介绍利用 Eclipse 来开发程序的基本步骤。

（1）新建项目。新建一个名为 Chapter_2 的项目，如图 2-3 所示。

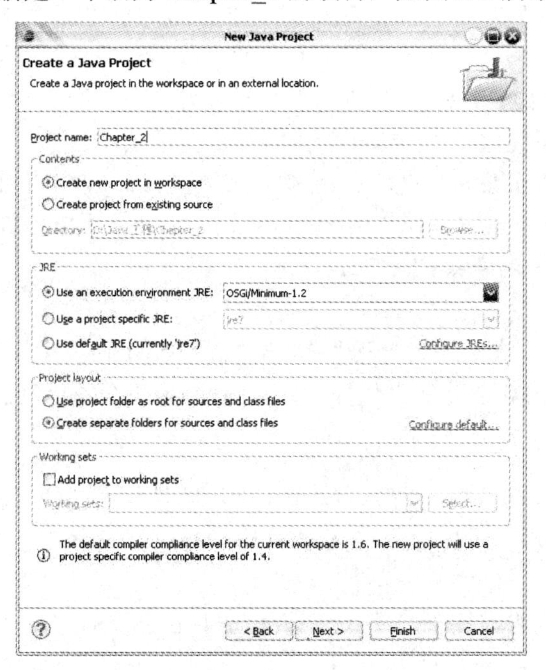

图 2-3　新建一个 Chapter_2 项目

（2）新建类。新建一个 Salary 类，且设定为 public，如图 2-4 所示。

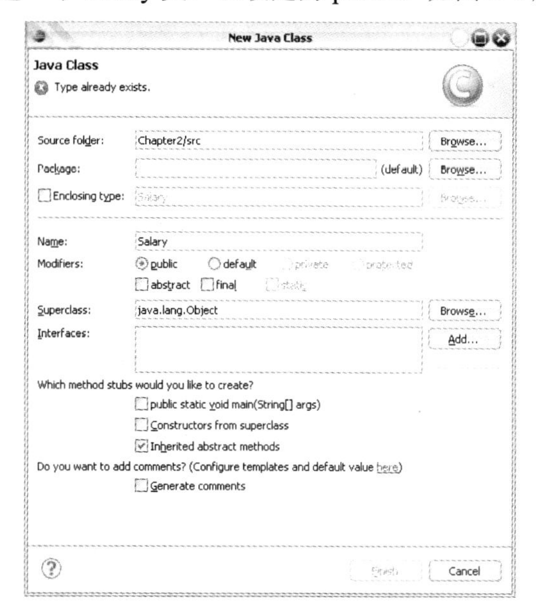

图 2-4　新建一个 Salary 类

（3）设定 JDK 的版本。选择 Project→Properties→Java Compiler 命令，然后在 JDK Compliance 中选择 1.5 及以上的版本，然后就可以编写代码了。代码编写完成后，在菜单栏中依次选择 Run→Run As→Java Application 命令（或者按 Ctrl+F11 组合键）运行代码。

再来看我们的任务，我们知道：

税后的薪酬 ＝ 税前的薪酬×（1−税率）

因此只需要定义 3 个变量：税率（taxRate）、税前薪酬（salaryBefore）和税后薪酬（salaryAfter）。考虑到税率为小数，计算后的税后薪酬也可能为小数，为了有较好的适应性，因此将 3 个变量均定义为 double 类型。显示结果可以用 System.out.println()函数进行显示。参考代码如下。

Salary.java:

```
1   public class Salary {
2       public static void main (String [] args)
3       {
4           double salaryBefore;
5           double salaryAfter;
6           double taxRate;
7           salaryBefore = 5000;
8           taxRate = 0.15;
9           salaryAfter = salaryBefore * (1 - taxRate);
10          System.out.println("税前:" + salaryBefore + "元");
11          System.out.println("税率:" + taxRate*100 + "%");
12          System.out.println("税后:" + salaryAfter + "元");
13      }
14  }
```

程序运行结果如图 2-5 所示。

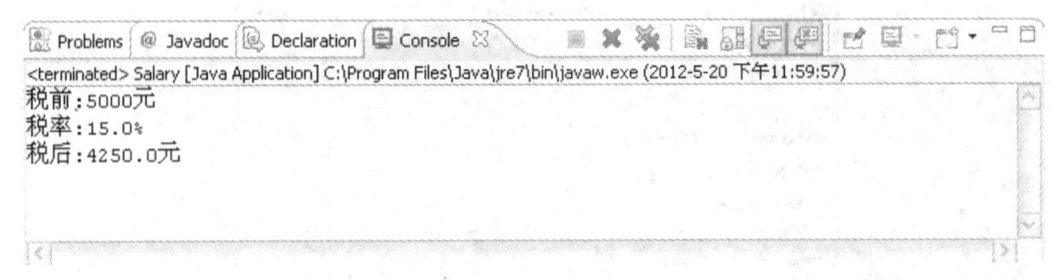

图 2-5　计算员工薪酬

2.2　输入员工的薪酬

2.2.1　任务预览

在 2.1 节的任务中，税前的工资和税率是在程序中写定的，但是为了有更好的交互性，需要程序能够根据使用者的输入计算税后的薪酬并显示，要求输出显示全部保留到小数点后两位。最终运行结果如图 2-6 所示。

```
输入税前工资:5000
输入税率:0.15
税前:5000.00元
税前:15.00%
税前:4250.00元
```

图 2-6　输入工资和税率

2.2.2　相关知识

为了更好地与用户交互，需要程序能够接受输入，并且以适当的格式输出。当然现在的大部分程序都是利用 GUI 接受用户的输入，然后图形化输出。不过这需要更多的工具和知识，后面会进行介绍。这里只是介绍简单的控制台输入和输出。

1. 读取输入

通过任务 1 和任务 2 可以看到，打印到“标准输出流”（控制台窗口）是一件非常容易的事，只要调用 System.out.println 即可，但是应该怎么从控制台读取数据呢？

要想通过控制台进行输入，首先需要构造一个 Scanner 对象，它属于“标准输入流” System.in。

```
Scanner in = new Scanner ( System.in );
```

然后就可以利用 in 对象来调用 Scanner 类的各种方法实现输入操作了。例如，调用 nextLine()方法读取一行。

```
System.out.println("输入姓名: ");
```

```
in.nextLine();
```

使用 nextLinesk 可读取一行(包含空格)。若是只想读取一个单词(以空格作为分隔符)，则可以调用 next()方法。

```
String firstName = in.next();
```

如果想读取一个整数，可以调用 nextInt()方法。

```
int salary = in.nextInt();
```

与此类似，如果想要读取一个浮点数，可以使用 nextDouble()方法。

2. 格式化输出

前面所输出的税后薪酬只保留了一位小数，如果想要输出多位小数或者只保留整数部分，又应该怎么实现呢？

在 JDK 1.5 之前，如果要格式化输出一个数字，必须要采用 DecimalFormat 或其子类来对数字进行格式化，如下所示。

```
DecimalFormat df = new DecimalFormat("0000");
System.out.println(df.format(12));
```

其输出结果为 0012。

现在的 JDK 5.0 沿用了 C 语言库函数中的 printf()方法，可以用来格式化输出数字或字符。例如，按照上面的格式输出，可以使用下面的代码。

```
System.out.printf("%04d", 12);
```

在格式化输出时，每个以%开头的格式说明符都用相应的参数替代。格式说明结尾的转换符将指示格式化的数值类型：f 表示定点浮点数，s 表示字符串，d 表示 10 进制整数。表 2-4 列出了所有用于 printf()方法的转换符。

表 2-4　用于 printf()方法的转换符

转换符	类型	举例
d	10 进制整数	132
x	16 进制整数	0xef
o	8 进制整数	345
f	定点浮点数	13.2
e	指数浮点数	1.23e+4
a	16 进制浮点数	0x1.ef
s	字符串	"Hello"
c	字符	'G'
b	布尔	true
h	散列码	42628b2

2.2.3 任务实现

分析本章开始的任务，首先需要从控制台读入税率和税前的工资，可以使用前面介绍的方法，利用 System.in 构造一个 Scanner 对象来读入。

其次，需要将输出显示保留两位小数，可以使用 NumberFormat 或 printf 进行格式化输出。参考代码如下。

Salary.java:

```
1   import java.util.Scanner;
2   public class Salary {
3       public static void main (String [] args) {
4           double salaryBefore;
5           double salaryAfter;
6           double taxRate;
7           Scanner in = new Scanner(System.in);
8           System.out.print("输入税前工资:");
9           salaryBefore = in.nextDouble();
10          System.out.print("输入税率:");
11          taxRate = in.nextDouble();
12          salaryAfter = salaryBefore * (1 - taxRate);
13          System.out.printf("税前:%.2f 元\n", salaryBefore);
14          System.out.printf("税率:%.2f%%\n", taxRate*100);
15          System.out.printf("税后:%.2f 元\n", salaryAfter);
16      }
17  }
```

上面的程序利用 nextDouble()方法从输入流中获得税前的工资，利用 nextDouble()方法获得税率，计算税后的工资，运行结果如图 2-7 所示。

```
输入税前工资:5000
输入税率:0.15
税前:5000.00元
税前:15.00%
税前:4250.00元
```

图 2-7 输入税前工资和税率

第3章 员工薪酬的统计

知识点、技能点

- Java的流程控制语句
- Java数组的定义和使用

学习要求

- 熟练掌握Java三种流程控制语句的使用
- 掌握和了解Java数组的定义、初始化、排序等

教学基础要求

- 掌握Java的三种流程控制语句
- 掌握Java数组的使用

3.1 计算税后薪酬进阶

3.1.1 任务预览

在第 2 章中计算税后薪酬的税率是固定的，但是实际工作中税率是根据员工的收入而定的。针对不同收入的纳税人，其税率是分档计算的。表 3-1 是中国 2008 年的税率表。如果一个人的月收入是 10 000 元，则前 6 000 元的税率为 10%，后 4 000 元的税率为 15%，需要交纳的总税额为 1 200 元。

表 3-1 中国 2008 年税率表

税　　率	月　收　入
10%	低于 6000
15%	6001～27950
27%	27951～67700
30%	67701～141250
35%	141251 以上

将第 2 章的程序改进，不需要手动输入税率，而是根据员工税前的薪酬和表 3-1 判断税率并计算出税后薪酬。最后的程序运行结果如图 3-1 所示。

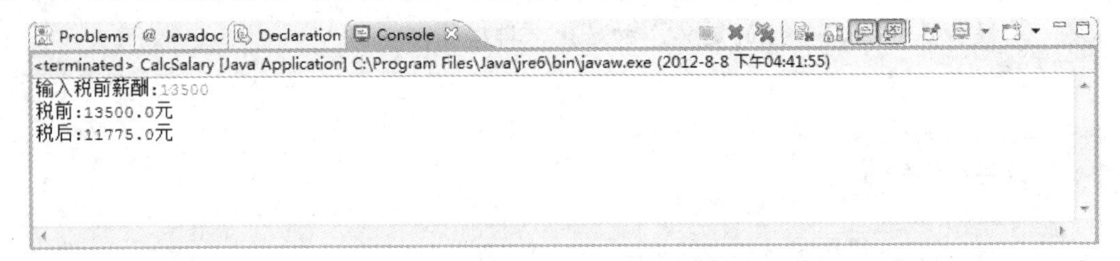

图 3-1 根据输入工资调整税率

3.1.2 相关知识

与其他程序设计语言一样，Java 使用条件语句和循环来确定控制的流程。在本节中将依次介绍 Java 的流程控制语句（条件语句、循环语句和跳转语句）。

1. 条件语句

（1）if 语句

在 Java 中，if 语句的格式如下。

```
if (condition) statement;
```

当 condition 条件满足时，statement 语句才执行。这里的条件必须用小括号括起来，且

condition 必须是布尔型，不能是整型或浮点型。

如果需要某个条件为真时执行多条语句，可以使用块语句（block statement）将多条语句括起来，格式如下。

```
{
    statement1;
    statement2;
    …
}
```

条件语句有多种形式，最常见的有以下 3 种。

第 1 种形式：

```
if(condition){
    statement;
}
```

第 2 种形式：

```
if(condition){
    statement1;
}else{
    statement2;
}
```

第 3 种形式：

```
if (condition1){
    statement1;
}else if (condition2){
    statement2;
}
…
else{
    statementN;
}
```

（2）switch 语句

在处理较多的选项时，使用 if/else 语句结构显得有些笨拙。Java 有一个与 C/C++相似的 switch 语句，其语法格式如下。

```
switch(value){
    case value1:{
        statement1;
        break;
    }
    case value1:{
        statement1;
        break;
```

```
        }
        ...
        case valueN:{
            statementN;
            break;
        }
        default:{
            defaultStatement;
        }
    }
```

注意

- ☑ value 的值只能是 char、byte、short 或 int 型。
- ☑ case 语句对应的 valueN 值必须是常量，而且各个 valueN 应该不相同。
- ☑ break 语句用来在执行完相应的 case 分支语句后跳出 switch 语句，否则将顺序执行后面的语句。有些情况下，多个不同的 case 值要执行一组相同的操作，可以省略相应代码块的 break 语句。
- ☑ default 是可选的，当 value 的值与所列的 valueN 的值都不匹配时，就会执行 defaultStatement 语句。如果没有 default 语句，则程序直接跳出 switch 语句，不做任何操作。

2. 循环语句

（1）while 循环

在 while 循环中，当条件为 true 时，则执行一条语句（也可以是一个语句块），其语法格式如下。

```
while (condition) statement;
```

如果开始时 condition 的值就为 false，如下所示，则循环体一次都不会执行，也不会输出任何信息。

```
while (false)
    System.out.println("Hello");
```

如果希望至少执行一次，则可以将 while 条件语句放在后面，使用 do/while 循环语句，其语法格式如下。

```
do statement while (condition);
```

将上面的例子改成 do/while 结构，如下所示，则会输出一次“Hello”信息。

```
do{
    System.out.println("Hello");
}while (false);
```

（2）for 循环

for 循环语句是支持迭代的一种通用结构，每次迭代之后更新计数器或类似的变量来控制迭代次数。下面的程序就是将数字 1～10 输出到屏幕上。

```
for (int i = 1; i <= 10; i++)
    System.out.println(i);
```

for 语句的第 1 部分通常用于计数器的初始化；第 2 部分给出循环继续执行的条件；第 3 部分指示如何更新计数器。

3. 跳转语句

通过跳转语句可以实现程序流程的跳转。例如，需要从一批数据中查找一个与给定值相等的数据时，最简单的方法就是将每个数据依次与给定的值进行比较，若不相等，则继续向后比较，如果找到相等的值则终止该比较的过程，此时就需要使用跳转语句。

Java 中的跳转语句包括 break 语句、continue 语句和 return 语句，下面将分别介绍。

（1）break 语句

在前面介绍 switch 语句时，用 break 语句来跳出 switch 语句，在实际编程过程中更多的是使用它来跳出循环。下面通过一个例子来介绍 break 语句在循环中的使用。

```
int salary[100];
int result;
for (int i = 0; i < 100; i++) {
    if (salary[i] == 3000) {
        result = i;
        break;
    }
}
```

这个例子用于查找 salary 为 3000 的员工，当找到之后就跳出循环，不再继续寻找。

（2）continue 语句

在 Java 中还有一个 continue 语句，与 break 语句一样，它也可以中断正常的控制流程。continue 语句只能用在循环中，将控制转移到所在循环层的首部。

```
for (int i= 1; i <= 4; i++) {
    if (i == 2) continue;
    System.out.println(i);
}
```

运行结果如下。

```
1
3
4
```

当 i 为 2 时，直接跳到了循环的首部，因此没有执行其下的 println 部分。

（3）return 语句

return 语句用在方法中，用于终止当前方法的执行，返回到调用该方法的语句处，其语法格式如下。

```
return [expression];
```

注意

- ☑ return 语句后面可以带返回值，也可以不带，这必须跟方法的声明一致。
- ☑ 当程序执行到 return 语句时，会先计算表达式的值，然后将表达式的值返回到调用该方法的语句处。
- ☑ 位于 return 语句后面的语句不会被执行，所以 return 语句一般都是位于方法的最后面。

4. Java 程序的注释

为程序添加注释可以用来解释程序的某些语句的作用和功能，提高程序的可读性，也可以使用注释在原程序中插入设计者的个人信息。此外，还可以用程序注释来暂时屏蔽某些程序语句，让编译器暂时不处理这部分语句，需要处理时，只需把注释标记取消即可。Java 里的注释根据不同的用途分为 3 种类型：单行注释、多行注释和文档注释。

（1）单行注释，就是在注释内容前面加双斜线（//），Java 编译器会忽略掉这部分信息，如下所示。

```
int salary;                                    //定义薪酬
```

（2）多行注释，就是在注释内容前面以单斜线加一个星形标记（/*）开头，并在注释内容末尾以一个星形标记加单斜线（*/）结束。当注释内容超过一行时一般使用这种方法，如下所示。

```
/*
int salary;
double rate;
*/
```

（3）文档注释，是以单斜线加两个星形标记（/**）开头，并以一个星形标记加单斜线（*/）结束。用这种方法注释的内容会被解释成程序的正式文档，并能包含进如 javadoc 之类的工具生成的文档里，用以说明该程序的层次结构及其方法。

```
/**
 * 用于打印字符串
 * @param str
 */
public void print(String str)
{
    System.out.println(str);
}
```

3.1.3　任务实现

分析前面的任务，用户可以利用条件语句，根据输入薪酬所在区间计算所需要交的税费，然后就可以计算出税后的薪酬了。参考代码如下。

CalcSalary.java:

```
1   import java.util.Scanner;
2
3    public class CalcSalary {
4           public static void main (String [] args) {
5                  final double taxRate1 = 0.1;
6                  final double taxRate2 = 0.15;
7                  final double taxRate3 = 0.27;
8                  final double taxRate4 = 0.30;
9                  final double taxRate5 = 0.35;
10
11                 double salaryBefore;
12                 double salaryAfter;
13                 double taxFee;
14                 Scanner in = new Scanner(System.in);
15
16                 System.out.print("输入税前薪酬:");
17                 salaryBefore = in.nextDouble();
18
19                 if (salaryBefore < 6000)
20                        taxFee = salaryBefore * taxRate1;
21                 else if (salaryBefore < 27951)
22                        taxFee = 6000*taxRate1 + (salaryBefore - 6000)*taxRate2;
23                 else if (salaryBefore < 67701)
24                        taxFee = 6000*taxRate1 + (27951 - 6000)*taxRate2 +
25                               (salaryBefore-27951)*taxRate3;
26                 else if (salaryBefore < 141251)
27                        taxFee = 6000*taxRate1 + (27951 - 6000)*taxRate2 +
28                               (67701 - 27951)*taxRate3 + (salaryBefore-67701)* taxRate4;
29                 else
30                        taxFee =6000*taxRate1 + (27951 - 6000)*taxRate2 +
31                               (67701 - 27951)*taxRate3 + (141251 - 67701)*taxRate4 +
32                               (salaryBefore - 141251)*taxRate5;
33
34                 salaryAfter = salaryBefore - taxFee;
35                 System.out.println("税前:" + salaryBefore + "元");
36                 System.out.println("税后:" + salaryAfter + "元");
37          }
38  }
```

程序运行结果如图 3-2 所示。

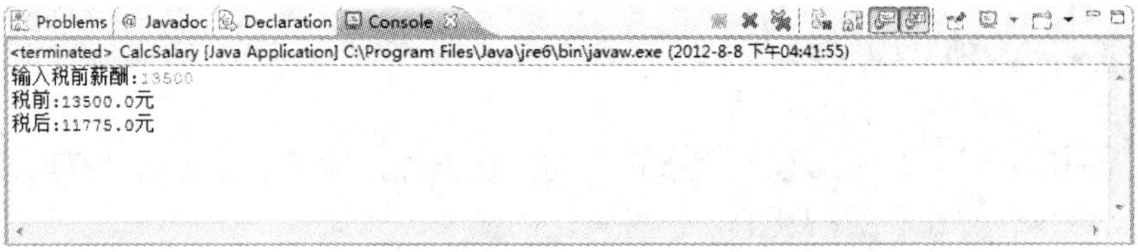

Problems @ Javadoc Declaration Console
<terminated> CalcSalary [Java Application] C:\Program Files\Java\jre6\bin\javaw.exe (2012-8-8 下午04:41:55)
输入税前薪酬:13500
税前:13500.0元
税后:11775.0元

图 3-2　根据输入薪酬计算税后薪酬

3.2　员工工资排序

3.2.1　任务预览

已知有 10 个员工的薪酬，将其按照薪酬从低到高排序，并输出排序后的结果，效果如图 3-3 所示。

Problems @ Javadoc Declaration Console
<terminated> SalarySort [Java Application] C:\Program Files\Java\jre7\bin\javaw.exe (2012-5-26 下午11:48:57)
1369
2362
2388
3121
3478
5627
6881
6989
7605
8507

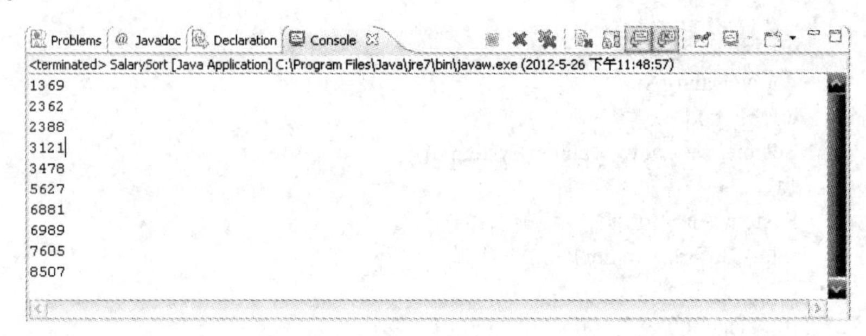

图 3-3　对工资进行排序

3.2.2　相关知识

1. 数组

（1）数组的声明和内存的分配

数组是一种数据结构，用来存储同一类型值的集合。通过一个整型下标就可以访问数组中的每一个值。要使用 Java 的数组，必须经过两个步骤：声明数组和分配内存给该数组。这两个步骤的语法结构如下。

```
数据类型 []数组名;                    //声明一维数组
数组名 = new 数据类型[个数];          //分配内存给数组
```

数组的声明格式里，“数据类型”是声明数组元素的数据类型，常见的数据类型有整型、浮点型与字符型等。“数组名”是用来统一这组相同数据类型的元素的名称，其命名规则和变量的相同，建议读者使用有意义的名称为数组命名。声明数组后，接下来便是配置数组所需的内存，其中“个数”是告诉编译器所声明的数组要存放多少个元素，而“new”则是命令编译器根据括号里的个数在内存中开辟一块内存供该数组使用。下面是关于一维数组的声明和分配内存的一个实例。

```
int []salary;                    //声明整型数组 salary
salary = new int[100];           //为数组 salary 分配内存空间，其数组元素的个数为 100
```

在上例中的第 1 行，当声明一个整型数组 salary 时，salary 可视为数组类型的变量，此时这个变量并没有包含任何内容，编译器仅会分配一块内存给它，用来保存指向数组实体的地址（类似 C 语言的指针）。

声明之后，接着要做内存分配的操作，也就是上例中第 2 行语句。这一行会开辟 100 个可供保存整数的内存空间，并把此内存空间的参考地址赋给 salary 变量。

（2）数组中元素的表示

想要使用数组里的元素，可以利用索引来完成。Java 的数组索引编号由 0 开始，以 3.2.1 节中的 salary 数组为例，salary[0]代表第 1 个元素，salary [1]代表第 2 个元素，salary [9]为数组中第 10 个元素（也就是最后一个元素）。

（3）数组的初始化

如果想直接在声明时就给数组赋初值，可以利用大括号完成。只要在数组的声明格式后面再加上初值的赋值即可，其语法格式如下。

```
数据类型 []数组名= {初值 0，初值 1，…，初值 n}
```

在大括号内的初值会依序指定给数组的第 1、…、n+1 个元素。此外，在声明时，并不需要将数组元素的个数列出，编译器会根据所给出的初值个数来判断数组的长度。下面是一个数组声明和初始化的实例。

```
String []name = {"Tom", "Billy", "Silly", "Bill"};
```

在上面的语句中，声明了一个字符串型数组 name，虽然没有特别指明数组的长度，但是由于大括号里的初值有 4 个，编译器会分别依序指定各元素的存放单元：name[0]="Tom"，name[1]= "Billy"，name[2]="Silly"，name[3]="Bill"。

2. for each 循环

JDK 5.0 增加了一种功能很强的循环结构，可以一次处理数组中的每一个元素（其他类型的元素集合亦可），而不必考虑指定下标值。

这种 for 循环的语句格式如下。

```
for (variable:collection) statement;
```

它定义一个变量用于暂存集合中的每一个元素，并执行相应的语句。Collection 表达式必须是数组或者是一个实现了 Iterable 接口的类（如 ArrayList 类）对象。例如：

```
int []array = new int[10];
for(int element:array) System.out.println(element);
```

用传统的 for 循环也可以很简单地实现上面的功能。

```
int []array = new int[10];
for (int i = 0; i < array.length; i++) System.out.println(array[i]);
```

但是用 for each 语句更加简洁，且不容易出错，不需要考虑下标的起始值和终止值。

3. 数组排序

对 Java 中的数值型数组进行排序，可以使用 Arrays 类中的 sort()方法，如下所示。

```
int []array = new int[10];
...
Arrays.sort(array);
```

Arrays 类的 sort()方法使用的是优化的快速排序方法，要使用 Arrays 类需要在开始的时候引入，即 import java.util.Arrays。

3.2.3 任务实现

分析 3.2.1 节提到的任务，首先需要保存 10 个员工的薪酬，如果每个员工的薪酬都定义一个变量就太麻烦了，因此可以定义一个数组来存储员工的薪酬，然后再利用前面介绍的 Array 类中的函数 sort()对数组进行排序。参考代码如下。

SalarySort.java:

```
1   import java.util.Arrays;
2
3   public class SalarySort {
4       public static void main (String [] args)
5       {
6           int []salary = new int[10];
7           for (int i = 0; i < salary.length; i++)
8               salary[i] = (int)(Math.random() * 10000);
9           Arrays.sort(salary);
10           for (int element:salary)
11               System.out.println(element);
12       }
13   }
```

在上面的程序中，采用随机的方式生成 10 个员工的薪酬。其中 Math.random()方法将返回一个 0～1 之间的随机浮点数，用 10000 乘以这个浮点数，就可以得到一个 0～10000 之间的数。将上面的代码在 Eclipse 中运行即可得到如图 3-4 所示的结果。

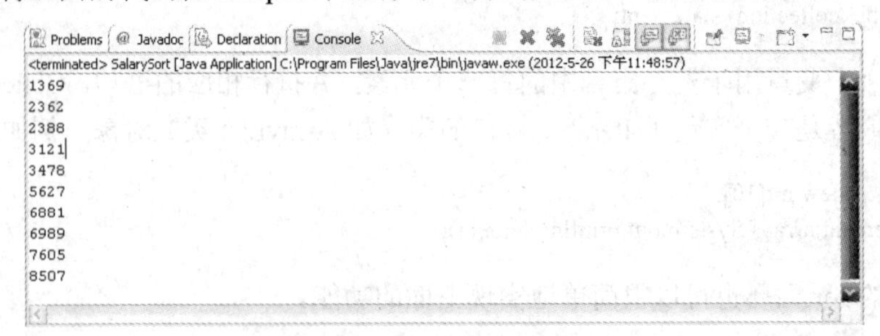

图 3-4　对工资进行排序后输

第4章 面向对象的员工薪酬管理系统

知识点、技能点

- 面向对象程序设计的基本知识
- Java类的定义和访问权限控制
- Java类的继承
- Java中的多态和接口

学习要求

- 了解面向对象程序设计的基本知识
- 掌握Java类的定义和访问权限的控制
- 掌握Java类的继承的使用
- 掌握和了解Java接口的使用

教学基础要求

- 掌握Java类的使用以及其访问权限的控制
- 掌握Java类的继承
- 掌握Java接口的使用及其与继承的区别

前面所学习到的 Java 语法都属于 Java 语言的基本功能，其中包括了数据类型和程序控制语句、循环语句等。Java 更为重要的还是它的面向对象的程序设计。类（class）是面向对象程序设计最重要的概念之一，要深入了解 Java 程序语言，一定要了解面向对象程序设计的观念。从本章开始将学习面向对象的 Java 程序设计。

4.1　Employee 类的实现

4.1.1　任务预览

定义一个 Employee 类，类包含属性 name、id 和 salary，包含无参数的构造函数和 3 个有参数的构造函数，还包含一个 print 函数用于打印员工的信息（姓名、ID 和薪水），其类图如图 4-1 所示。测试时要求定义两个员工对象，一个使用无参数的构造方法，然后使用 setXXX()方法设定其属性；另一个使用带参数的构造方法。程序运行结果如图 4-2 所示。

```
Employee
-----------------------------------------
private String name
private String id
private int salary
-----------------------------------------
Public Employee()
public Employee(String, String, int)
public void setName(String name)
public void setId(String id)
public void setSalary(int salary)
public void print()
```

图 4-1　Employee 类图

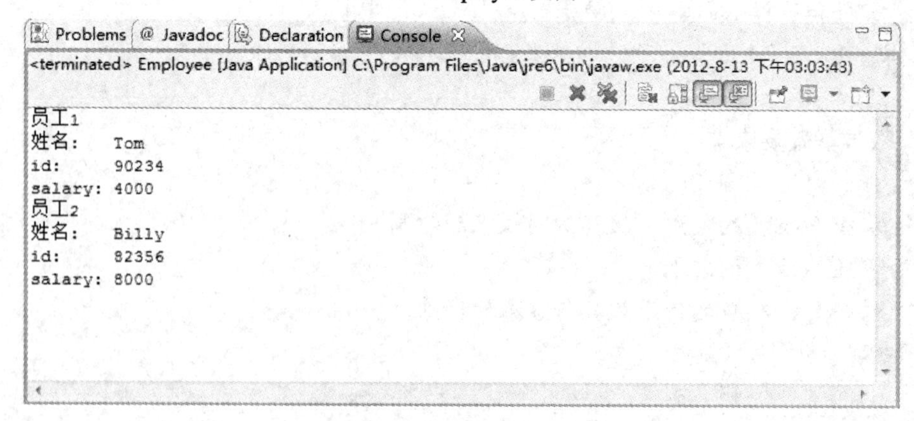

图 4-2　程序运行结果

4.1.2　相关知识

1. 面向对象程序设计概述

面向对象程序设计（Object-Oriented Programming，OPP）是当今主流的程序设计范例，现在已经基本取代了 20 世纪 70 年代早期的结构化、过程化程序设计技术。Java 是完全面向对象的，因此不能使用结构化的程序设计方法来设计 Java 程序。

（1）对象

要进行面向对象的程序设计，首先应该清楚什么是对象。对象是现实世界中存在的事物，它们是有形的，如某个人、某种物品；也可以是无形的，如某项计划、某次商业交易。对象是构成现实世界的一个独立单位，人们对世界的认识，是从分析对象的特征入手的。

对象主要有以下两个特征。

☑ 对象的行为（behavior）：可以对对象实施的操作，或对象所具有的功能。

☑ 对象的属性（attribute）：对象的外观、性质和属性等。

人们将对象的动态特征抽象为行为，用一组代码来表示，完成对数据的操作，在 Java 语言中称为方法；人们将对象的静态特征抽象为属性，用数据来描述，在 Java 语言中称为变量。一个对象由一组属性和一组对属性进行操作的方法构成。

（2）类

将具有相同属性及相同行为的一组对象称为类。广义地讲，具有共同性质的事物的集合就称为类。

在面向对象程序设计中，类是一个独立的单位，它有一个类名，其内部包括成员变量，用于描述对象的属性，还包括类的成员方法，用于描述对象的行为。在 Java 程序设计中，类被认为是一种抽象数据类型，这种数据类型不但包括数据，还包括方法。这大大地扩充了数据类型的概念。

类是一个抽象的概念，要利用类的方式来解决问题，必须用类创建一个实例化的类对象，然后通过对象去访问类的成员变量，调用类的成员方法来实现程序的功能。这如同“飞机”本身是一个抽象的概念，只有使用了一架具体的飞机，才能感受到飞机的功能。

一个类可创建多个类对象，它们具有相同的属性模式，但可以具有不同的属性值。Java 程序为每一个类对象都开辟了内存空间，以便保存各自的属性值。

面向对象设计主要有 3 个特性：封装性、继承性和多态性。后面将分别介绍这 3 个特性。

2. 类的定义

在使用类之前，必须先定义它，然后才可利用所定义的类来声明变量，并创建对象。类定义的语法如下。

```
class 类名称
{
    数据类型 属性名;
    …
    返回值类型 方法名称(参数 1, 参数 2, ...)
```

```
    {
        程序语句;
        …
        return 表达式;
    }
}
```

下面建立一个 Employee 类来具体说明类的定义。

```
1  class Employee
2  {
3      private String name;
4
5      void sayHello()
6      {
7          System.out.println("你好，我是：" + name);
8      }
9  }
```

上面的程序在第 1 行用 class 声明了一个类，类的名称为 Employee；在第 3 行声明了一个 String 类型的变量 name；在 5～8 行声明了一个方法，用于打印信息，其类图如图 4-3 所示。

Employee
private String name
public void sayHello();

图 4-3　Employee 类图

从上述内容可以发现，在声明 Employee 类时，类的第一个字符是大写的，因为类本来就是一种类型，就像 String 一样，这也是规定的一种标准的命名方法。

3. 类的封装性

在前面提到了面向对象程序设计的 3 个特性，这里开始介绍第 1 个特性：封装性。

（1）包

Java 要求源文件名和主类的名称相同，因此如果要将多个类放在一起时（在同一个目录中），就需要保证各个类名不能重复。但是在实际的工程中可能包含成百上千个类，这些类名完全不同的可能性很小。还有一个大的系统通常包含很多不同的模块，将所有的部分全部放在一个文件夹中，也不方便查阅和管理。

为了更好地管理类，Java 语言中引用了包（package）的概念，就像用不同的文件夹来组织文件一样。Java 语言用包将各种类组织在一起，使程序的各部分功能更加清晰和结构化。

Java 的包提供了一种类的组织方法。在物理储存时一个包就对应一个文件夹，在包中还可以包含包。在同一个包中的类名不能重复，但是在不同包中的类名可以相同。在引用包中的一个类时，不但要指定类名，还需要指定包的名称，通过“.”来表示包的层次，如 java.util.Date。

要将一个类归到某一个包中，只需要在源文件的第 1 条语句中用 package 来指定。其格式如下。

```
package 包 1[.包 2[.包 3]...] ;                    //[]表示可选
```

经过 package 指定后，该源文件里的所有类都将被纳入到同一个包中，在物理上生成的字节码文件也会按照声明包的组织存储。例如：

```
package org;
```

就会在当前目录下建立一个 org 文件夹，然后该源文件生成所有的字节码文件都会存储在 org 目录下。又如：

```
package org.hotel.Salary;
```

在“org.hotel.salary”语句中“.”代表目录分隔符，则该语句会创建结构为“org\hotel\salary”的文件夹，然后当前文件的所有类都会放在 salary 目录下。

要在当前文件中引用其他包中的类，首先必须将该类引用过来，否则会编译出错。引用时用 import 来引用其他包的类。格式如下。

```
import 包 1[.包 2[.包 3]...].类名|* ;              //*表示引用该包下的所有类
```

其中 import 是关键字，多个包名和类名之间用“.”分隔。例如：

```
import java.util.List;
```

Java 编译器为所有的程序自动引用包 java.lang。因此，用户不需要手动引用就可以使用该包中的类（如 String 类）。

（2）访问权限控制

在实际工作中，一个程序会有很多的模块，也会有成百上千个类。系统要完成一定的功能，各个模块之间、不同类之间、不同方法之间就会有相互的调用。那么类的属性和方法在被别人访问时，就有可能对属性造成影响，那么应该怎样来控制模块之间、类之间以及方法之间的访问权限呢？

Java 中关于访问权限有 4 个关键字，具体的意义如表 4-1 所示。

表 4-1　Java 访问权限控制关键字

	同一类中	同一包中	不同包中的子类	不同包中的非子类（任意类）
private	√			
default（没有修饰字）	√	√		
protected	√	√	√	
public	√	√	√	√

☑ public：任何的其他类。对象只要可以看到这个类，就可以存取变量的数据或使用方法。

☑ protected：同一类、同一包中可以使用。不同包中的类要想访问，则必须是该类的子类。

☑ default：在同一包中的程序中出现的类才可以直接使用它的数据和方法。如果父类的方法或属性是 friendly 类型（没有权限修饰符），则不同包中的子类将不能继承该方法。

☑ private：不允许任何其他的类存取和调用。

上面的 public 和 private 都很好理解，default 和 protected 之间比较容易混淆。下面举一个例子来说明两者之间的区别。

下面的程序中如果将父类第 6 行的 protected 去掉，则会出现编译的错误，因为在子类的第 8 行 child 没有访问 print()函数的权限。

【例 4.1】

父类：

```
1   package chapter3;
2   public class Parent
3   {
4         String name;
5
6         protected void print()
7         {
8               System.out.println(name);
9         }
10  }
```

子类：

```
1   package chapter3.test;
2   import chapter3.Parent;
3   public class ChildTest extends Parent
4   {
5         public static void main (String [] args)
6         {
7               ChildTest child = new ChildTest();
8               child.print();
9         }
10  }
```

4. 构造方法及其重载

在 Java 程序里，构造方法所完成的主要工作是帮助新创建的对象赋初值（也称构造函数）。构造方法可视为一种特殊的方法，它的定义方式与普通方法类似，其语法如下所示。

```
class 类名称
{
    访问权限类名称（类型 1  参数 1，类型 2  参数 2，…）
```

```
    {
        程序语句;
        …                          // 构造方法没有返回值
    }
}
```

注意

- ☑ 构造方法与类具有相同的名称。
- ☑ 构造方法没有返回值。
- ☑ 由于构造方法主要是被其他类调用，因此构造方法的访问权限一般都为 public。

构造方法除了没有返回值，且名称必须与类的名称相同之外，它的调用时机也与一般的方法不同。一般的方法是在需要时才调用，而构造方法则是在创建对象时便自动调用，并执行构造方法的内容。因此，构造方法无需在程序中直接调用，而是在对象产生时自动执行。

基于上述构造方法的特性，可利用它来对对象的数据成员做初始化的赋值。所谓初始化就是为对象赋初值。

【例 4.2】

```
1  public class Employee
2  {
3      private String name;
4
5      public Employee()
6      {
7          System.out.println("调用构造方法!");
8      }
9
10     public static void main (String [] args)
11     {
12         Employee test = new Employee();
13     }
14 }
```

输出结果：

```
调用构造方法!
```

如上面的程序，构造方法为第 5～8 行。在第 12 行并没有显示调用的构造方法，但是程序执行到第 12 行时会去调用构造方法。

讲到这里，读者或许会产生疑问，为什么前面在定义类的时候，并没有写构造方法，程序却依然能够正常运行？

实际上，在执行 javac 命令编译 java 程序时，如果在程序中没有明确声明构造方法，那么系统会自动为类中加入一个无参的且不被执行的构造方法。类似于下面代码。

```
1  public Employee()
2  {}
```

所以，之前所使用的程序虽然没有明确地声明构造方法，也是可以正常运行的。

在 Java 里，不仅普通方法可以重载，构造方法也可以重载。只要构造方法的参数个数不同，或是类型不同，便可定义多个名称相同的构造方法。这种做法在 Java 中是常见的，请看下面的程序。

【例 4.3】

```
1   public class Employee
2   {
3       private String name;
4
5       public Employee()
6       {
7           System.out.println("调用构造方法 1!");
8       }
9       public Employee(String name)
10      {
11          this.name = name;
12          System.out.println("调用构造方法 2!");
13      }
14
15      public static void main (String [] args)
16      {
17          Employee test1 = new Employee();
18          Employee test2 = new Employee("Tom");
19      }
20  }
```

输出结果：

```
调用构造方法 1!
调用构造方法 2!
```

上面的程序类 Employee 有两个构造方法，一个不带参数（第 5～8 行），另一个带一个 String 类型的参数（第 9～13 行）。在第 17 行构造对象 test1 时会调用无参数的构造方法，在第 18 行构造对象 test2 时，由于传入了参数“Tom”，因此会调用带参数的构造方法。

构造方法的基本作用就是为类中的属性进行初始化，在程序产生类的实例对象时，将需要的参数由构造方法传入，之后再由构造方法为其内部的属性进行初始化。这是在一般开发中经常使用的技巧。这里还有一个问题需要注意，如例 4.4 所示。

【例 4.4】

```
1   public class Employee
2   {
3       private String name;
4
5       public Employee(String name)
6       {
```

```
7             this.name = name;
8             System.out.println("调用构造方法 2!");
9         }
10
11        public static void main (String [] args)
12        {
13            Employee test1 = new Employee();
14            Employee test2 = new Employee("Tom");
15        }
16    }
```

上面的程序似乎没有什么错误，但是编译时会出现以下错误：

```
Employee.java:13: cannot find symbol
symbol:  构造函数  Employee()
location:  类  Employee
           Employee test1 = new Employee();
```

这说明在第 13 行发生错误，错误原因是找不到 Employee 的无参数的构造方法。但是前面不是说程序会声明一个无参数的空的构造方法么？那是因为在 Java 中，只要声明了一个构造方法（无论有没有参数），则默认的构造方法就不会被生成。因此还需要在类中声明一个无参数的构造方法。

4.1.3　任务实现

分析前面的任务，首先，需要用前面介绍类的定义方法定义一个类 Employee，然后根据前面的要求为其添加属性和方法。在 main 方法中进行测试时，分别用两种不同的构造方法定义两个 Employee 对象，参考代码如下。

Employee.java:

```
1   public class Employee {
2       private String name;
3       private String id;
4       private int salary;
5
6       public Employee() {
7           this.name = "";
8           this.id = "";
9           this.salary = 0;
10      }
11      public Employee(String name, String id, int salary) {
12          this.name = name;
13          this.id = id;
14          this.salary = salary;
15      }
16      public void setName(String name) {
17          this.name = name;
18      }
```

```
19         public void setId(String id) {
20             this.id = id;
21         }
22         public void setSalary(int salary) {
23             this.salary = salary;
24         }
25         public void print() {
26             System.out.println("姓名:\t" + name);
27             System.out.println("id:\t" + id);
28             System.out.println("salary:\t" + salary);
29         }
30
31         public static void main (String [] args) {
32             Employee employee1 = new Employee("Tom", "90234", 4000);
33             Employee employee2 = new Employee();
34             employee2.setName("Billy");
35             employee2.setId("82356");
36             employee2.setSalary(8000);
37             System.out.println("员工 1");
38             employee1.print();
39             System.out.println("员工 2");
40             employee2.print();
41         }
42 }
```

程序运行结果如图 4-4 所示。

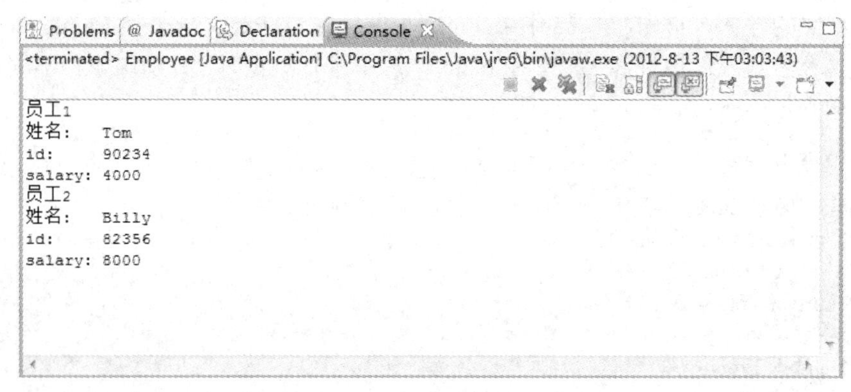

图 4-4　Employee 类的运行结果

4.2　实现 Employee 的子类

4.2.1　任务预览

在 4.1 节中实现了 Emplyee 类，但是在实际中，酒店的员工分为临时职工和合同制职工。临时职工的薪酬按天数计算，合同制职工的薪酬按月数计算。合同制职工会有一定的奖金，而临时职工没有。 但是临时职工和合同制职工还有很多相同的属性（如姓名、ID 等）。把他们定义成独立的两个类，显然会有很多冗余。在本节中将介绍类的继承，这种方法可以很好地解决这个问题。

4.2.2 相关知识

1. 类的层次结构

（1）类继承的语法格式

Java 类的继承是使用已存在的类的定义作为基础建立新类的技术，新类的定义可以增加新的数据或新的功能，也可以用父类的功能，但不能选择性地继承父类。这种技术使得复用以前的代码非常容易，能够大大缩短开发周期，降低开发费用。比如每个人都有姓名和年龄两个属性。教师和学生也都是人，但是教师要加上薪水属性，学生要加上学号属性。因此可以从“人”这个类中派生出教师和学生两个类。

继承所表达的就是一种对象类之间的相交关系，它使得某类对象可以继承另外一类对象的数据成员和成员方法。若类 B 继承类 A，则属于类 B 的对象便具有类 A 的全部或部分性质（数据属性）和功能（操作），我们称被继承的类 A 为基类、父类或超类，而称继承类 B 为 A 的派生类或子类。

继承避免了对一般类和特殊类之间的共同特征进行的重复描述。同时，通过继承可以清晰地表达每一项共同特征所适应的概念范围——在一般类中定义的属性和操作适用于这个类本身以及它以下的每一层特殊类的全部对象。运用继承原则使得系统模型比较简练也比较清晰。

Java 类的继承可以采用以下语法格式。

```
class 父类                        //定义父类
{
}
class 子类 extends 父类           //用 extends 关键字实现类的继承
{
}
```

（2）构造方法的继承

上面讲到子类会继承父类的所有属性和方法，那么对于父类的构造方法，子类又是怎么处理的呢？先看下面的例子。

【例 4.5】

Person.java:

```
1  public class Person {
2       String name;
3       int age;
4
5       public Person(){
6            System.out.println("父类构造函数");
```

```
7       }
8   }
```

Student.java:

```
1   public class Student extends Person{
2       int stuId;
3
4       public Student(){
5           System.out.println("子类构造函数");
6       }
7
8       public static void main (String [] args)
9       {
10          Student stu = new Student();
11      }
12  }
```

输出结果：

```
父类构造函数
子类构造函数
```

上面的程序在 Student.java 的第 10 行需要生成一个 Student 类的对象，在生成过程中不但调用了子类的构造函数，在调用子类 Student 第 4 行的构造函数前，还调用了 Person 类第 5 行的构造函数。

实际上在本例中的子类构造函数的第 1 行默认隐含了一个 super()语句，即上面程序的 Student 类的构造函数可以写为以下形式。

```
1   public Student() {
2       super();
3       System.out.println("子类构造函数");
4   }
```

如上面的程序，在 Java 中，可以用 super 关键字实现在子类中调用父类的属性或方法。

（3）super 关键字

在前面已经使用了 super 关键字，那么 super 关键字的作用是什么呢？在上面的例子中 super 关键字出现在子类中，调用父类的构造方法。当然 super 不仅可以调用父类的构造方法，还可以调用和访问父类的其他方法和属性，其语法格式如下所示。

```
super.父类中的属性;
super.父类中的方法();
```

【例 4.6】

Person.java:

```
1   public class Person {
2       String name;
```

```
3          int age;
4
5          public Person(){
6          }
7          public Person(String name, int age) {
8                this.name = name;
9                this.age = age;
10          }
11          public void print() {
12                System.out.println("name:" + name +"; age:" + age);
13          }
14
15   }
```

Student.java:

```
1   public class Student extends Person{
2          int stuId;
3
4          public Student(String name, int age, int stuId){
5                super(name, age);
6                this.stuId = stuId;
7          }
8          public void print() {
9                super.print();
10                System.out.println("student ID:" + stuId);
11          }
12
13          public static void main (String [] args) {
14                Student stu = new Student("张三", 23, 100001);
15                stu.print();
16          }
17   }
```

输出结果：

```
name:张三; age:23
student ID:100001
```

在上面的代码中，Person.java 第 7 行定义了一个带两个参数的构造方法。在第 11 行定义了一个 print 方法用于显示信息。在 Student.java 中，第 5 行利用 super 关键字调用父类 Person 的构造方法，完成对 name 和 age 的初始化，其实也可以不调用父类的构造方法，直接在子类中对 name 和 age 进行赋值，如下所示。因为子类也继承了父类的 name 属性和 age 属性。

```
public Student(String name, int age, int stuId){
      this.name = name;
      this.age = age;
      this.stuId = stuId;
}
```

注意

在利用 super 关键字调用父类构造方法时必须放在子类构造方法的首行。

（4）final 类和 final 方法

有时候，用户希望阻止其他用户继承已创建的类。不允许被继承的类称为 final 类。定义 final 类时，声明格式如下。

```
final class Student
{
    ...
}
```

类中的方法也可以声明为 final。这样，子类就不能覆盖这个方法（final 类中的所有方法自动生成为 final 方法）。例如：

```
final class Student
{
    ...
    public final String getName() {
        return name;
    }
    ...
}
```

2. 多态

所谓多态，是指一个程序中同名的不同方法共存的情况。在面向对象的程序中，多态的情况有多种，可以通过子类对父类方法的覆盖实现多态，也可以利用重载在同一个类中定义多个同名的不同方法来实现多态。

（1）方法的重构与重载

如果子类中的某个方法与其父类具有相同的名称和参数（个数和类型都相同），则称该子类重构了该方法（overriding），重构也称为“覆盖”。这样父类定义的方法在子类中就“看不见”了，当子类的这一方法被调用时，将直接使用子类定义的方法。

【例 4.7】

Person.java:

```
1  public class Person {
2      public void print() {
3          System.out.println("I'm a person");
4      }
5  }
```

Student.java:

```
1  public class Student extends Person{
```

```
2       public void print() {
3           System.out.println("I'm a student");
4       }
5
6       public static void main (String [] args) {
7           Student stu = new Student();
8           stu.print();
9       }
10  }
```

输出结果：

```
I'm a student
```

如果在同一个类中定义了多个同名的方法，它们或有不同的形参个数或有不同的形参类型，则称该方法为被重载（Overloading）。在调用时，Java 将根据实参个数或实参类型选择匹配的方法。

下面是有关方法重构的规定：

☑ 子类重构父类方法时，子类方法的返回值类型应当与被重构的方法的类型相同。

☑ 子类不能重构父类的 final()和 private()方法。

☑ 子类不能用实例方法重构父类的 static()方法。子类的 static()方法可重构父类的 static()方法，但不能重构父类的实例方法。

☑ 子类方法重构父类方法时，子类方法的访问权限修饰符不能严于父类方法的访问修饰符。

☑ 子类若要引用父类中被重构的方法，应使用“super.方法名”的方式。

（2）方法的动态调用

考虑如图 4-5 所示的类的层次结构。Dog 类和 Cat 类都继承了 Animal 类。Animal 类有一个 bark()方法，输出动物的叫声，但显然 Dog 的叫声和 Cat 的叫声是不同的。

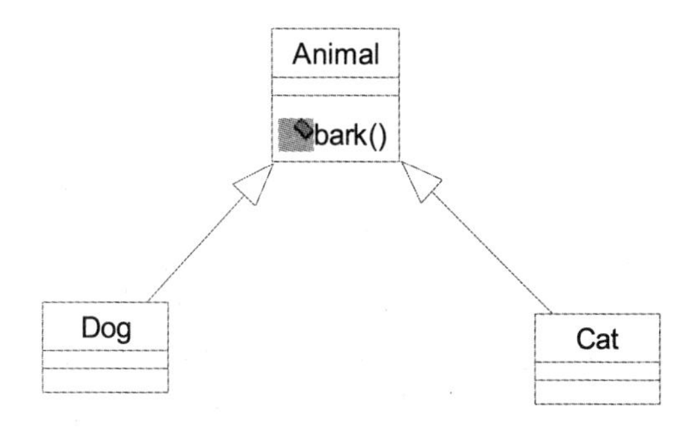

图 4-5　Animal 类及其子类的类图

【例 4.8】

Animal.java:

```
1  public class Animal {
```

```
2         public void bark(){}
3  }
```

Dog.java:

```
1  public class Dog extends Animal{
2         public void bark() {
3               System.out.println("汪汪");
4         }
5  }
```

Cat.java:

```
1  public class Cat extends Animal{
2         public void bark() {
3               System.out.println("喵喵");
4         }
5  }
```

TestAnimal.java:

```
1  public class TestAnimal {
2         public static void main (String [] args)
3         {
4               Animal animal = new Dog();
5               animal.bark();
6               animal = new Cat();
7               animal.bark();
8         }
9  }
```

输出结果：

```
汪汪
喵喵
```

在 Animal.java 中的第 2 行，定义了一个空的 bark()方法。Dog 和 Cat 都是从 Animal 类中派生出来的。在 Dog.java 和 Cat.java 中的第 3 行分别覆盖了 bark()方法，然后在 TestAnimal.java 中进行测试，在 TestAnimal 的第 4 行定义了一个 Animal 类型的对象，首先赋给它一个 Dog 类型的对象，然后调用其 bark()方法进行测试，然后在第 6 行又赋给它一个 Cat 类型的对象，并调用 bark()方法进行测试。从输出的结果可以看到，在不同的时候 animal 对象调用 bark()方法所产生的结果是不同的。

（3）抽象类和抽象方法

在 Java 自上而下的类的继承结构层次中，位于上层的类应更加具有通用性且更加抽象，有时由于对象高级抽象的需要，用户需要类只是声明方法的首部，而不需要说明其方法的主体，其主体部分由子类来完成。在 Java 中，使用 abstract 关键字可以实现这个功能。需要注意的是，由于抽象类具有抽象性，因此不能创建任何对象，抽象类只是用来被其子类继承。

抽象类的定义规则如下。

☑ 抽象类和抽象方法必须由 abstract 关键字来修饰。
☑ 抽象类不能实例化，也就是不能用 new 关键字去产生对象。
☑ 抽象的方法需要声明，不需要具体的实现。
☑ 含抽象方法的类必须声明为抽象类，抽象类的子类必须覆盖实现父类的所有抽象方法后才能被实例化，否则这个子类还是抽象类。
☑ 抽象类中除了抽象方法外，也可包含具体的数据和具体的方法。
☑ 抽象类的定义格式如下。

```
abstract class 类名称  //定义抽象类
{
    声明数据成员;
    访问权限 返回值数据类型 方法名称 (参数...) //普通的方法
    {
        ...
    }
    访问权限 abstract 返回值数据类型 方法名称 (参数...); //抽象方法
}
```

在上面 Animal 的例子中就可以把 Animal 类声明为 abstract，然后把 bark 函数声明为抽象的方法，后面的程序依然保持不变即可，如下所示。

```
1  public abstract class Animal {
2      public abstract void bark();
3  }
```

3. 接口

接口在语法上与抽象类非常相似，它定义了一些抽象方法和常量，形成一个属性集合。该属性集合通常对应于某一组功能，这些功能是几个类共有的但又不便在这些类中定义的功能。

与 C++不同的是，Java 不支持多重继承。所谓多重继承，是指一个子类可以有一个以上的直接父类，该子类可以继承它所有父类的成员变量和方法。一个类只能有一个父类，这使程序的层次关系清晰、可读性强，但同时也使 Java 中的类层次结构成为树型结构，这种树型结构并不适用于处理一些复杂问题。

接口中可以实现“多重继承”，且一个类可以实现多个接口，这些机制使接口提供了比多重继承更简单、更灵活、更强大的功能。

需要特别说明的是，在 Java 中，一个类获取某一接口定义的功能并不是通过直接继承这个接口中的属性和方法来实现的。因为接口中的属性都是常量，接口中的方法都是没有方法体的抽象方法，没有定义具体操作。也就是说，接口定义的仅仅是实现某一特定功能的对外接口和规范，并没有真正实现这个功能。这个功能的真正实现是在“继承”这个接口的各个类中完成的，要由这些类来具体定义接口中各抽象方法的方法体。因此，在 Java

中通常把对接口功能的“继承”称为“实现”。

接口的使用规则如下。

☑ 接口里的数据成员必须初始化，且数据成员均为常量。

☑ 接口里的方法必须全部声明为 abstract，也就是说，接口不能像抽象类一样保有一般的方法，必须全部是“抽象方法”。

☑ 与类不同，接口中的所有方法自动属于 public，因此在接口中声明方法时，不必提供关键字 public。

接口的定义格式如下。

```
interface 接口名称 //定义接口
{
    final 数据类型 成员名称 = 常量;   //数据成员必须赋初值
    abstract 返回值数据类型 方法名称 (参数...);
}
```

接口与一般类一样，本身也具有数据成员与方法，但数据成员一定要赋初值，且此值将不能再更改，方法也必须是“抽象方法”。也正因为方法必须是抽象方法，而非一般的方法，所以抽象方法声明的关键字 abstract 是可以省略的。相同的情况也发生在数据成员身上，因数据成员必须赋初值，且此值不能再被更改，所以声明数据成员的关键字 final 也可省略。

接口的声明仅仅给出了抽象方法，而具体地实现接口所定义的方法需要某个类为接口中的每个抽象方法定义具体的操作。在类的声明部分，用 implements 关键字来声明这个类实现某个接口，一个类可以实现多个接口，在 implements 子句中用逗号隔开。

实现接口的语法格式如下。

```
class 类名称 implements 接口 A, 接口 B  //接口的实现
{
    ...
}
```

如果实现某接口的类不是 abstract 修饰的抽象类，则必须在类的定义部分实现指定接口的所有抽象方法，即为所有抽象方法定义方法体，而且方法头部分应该与接口中的定义完全一致，即有完全相同的返回值和参数列表。

如果实现某接口的类是 abstract 修饰的抽象类，则它可以不实现该接口的所有方法。但是，在这个抽象类的任何一个非抽象的子类中，都必须有它们父类所实现的接口中的所有抽象方法实现的方法体。这些方法体可以来自抽象的父类，也可以来自子类自身，但是不允许存在未被实现的接口方法，这主要体现了非抽象类中不能存在抽象方法的原则。

接口的抽象方法的访问控制符都已被指定为 public，所以类在实现这些抽象方法时，必须显式地使用 public 修饰符，否则将被警告缩小了接口中定义的方法的访问控制范围。

【例 4.9】

TestInterface.java:

```
1  interface CalcArea
2  {
```

```
3        final double PI = 3.1415926;
4        double calcArea(double r);
5  }
6
7  class Circle implements CalcArea
8  {
9        public double calcArea(double r)
10         {
11             return PI * r * r;
12         }
13  }
14
15  public class TestInterface {
16        public static void main (String [] args)
17        {
18             Circle cir = new Circle();
19             System.out.println("Area:" + cir.calcArea(3));
20        }
21  }
```

输出结果：

```
Area:28.274333400000003
```

在 CalcArea 接口中，有一个常量的数据成员 PI 和一个抽象函数 CalcArea。在 Circle 中实现了 CalcArea 抽象函数，用来计算圆的面积。

接口与一般类一样，均可通过扩展的技术来派生出新的接口。原来的接口称为基本接口或父接口，派生出的接口称为派生接口或子接口。通过这种机制，派生接口中不仅可以保留父接口的成员，同时也可加入新的成员以满足实际的需要。

同样，接口的扩展（或继承）也是通过关键字 extends 来实现的。有趣的是，一个接口可以继承多个接口，这点与类的继承有所不同。

接口扩展的格式如下。

```
interface 子接口名称 extends 父接口 1，父接口 2，…
{
    ...
}
```

4.2.3　任务实现

由于合同制的员工和临时的员工属性中都有 salary，但是他们的 salary 却是不相同的。临时员工是一天的 salary，而合同制员工是一个月的 salary。综合考虑将 Employee 设定为抽象类，其中包含一个抽象方法 getSalary()。具体的类结构设计如图 4-6 所示。

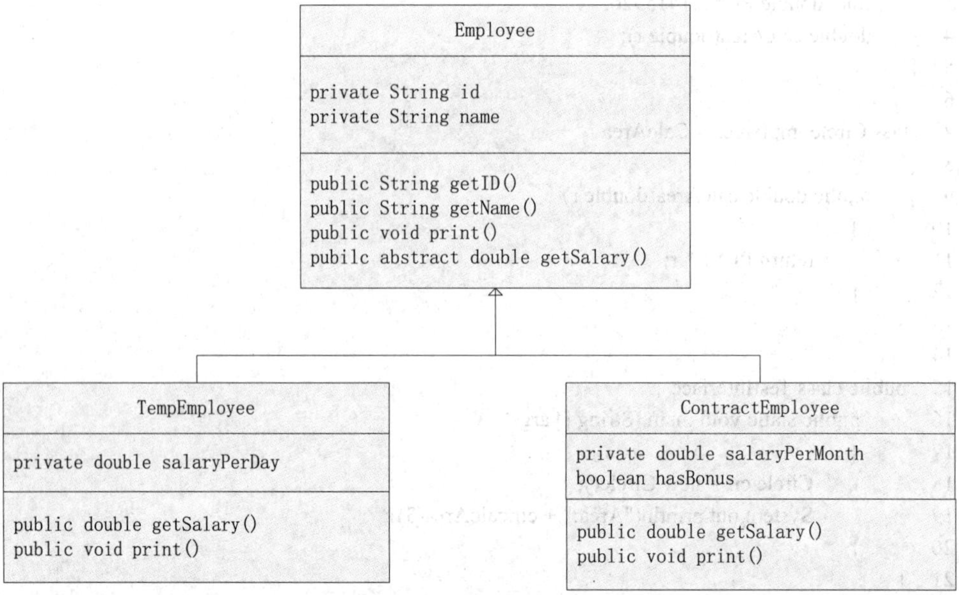

```
Employee
-----------------------------------
private String id
private String name
-----------------------------------
public String getID()
public String getName()
public void print()
pubilc abstract double getSalary()
```

```
TempEmployee
-----------------------------------
private double salaryPerDay
-----------------------------------
public double getSalary()
public void print()
```

```
ContractEmployee
-----------------------------------
private double salaryPerMonth
boolean hasBonus
-----------------------------------
public double getSalary()
public void print()
```

图 4-6 Employee 类图

参考代码如下。

Employee.java:

```
1  public abstract class Employee {
2        String id;
3        String name;
4
5        public Employee(String id, String name) {
6             this.id = id;
7             this.name = name;
8        }
9        public String getId(){
10             return id;
11         }
12         public String getName() {
13             return name;
14         }
15         public abstract double getSalary();
16         public void print() {
17              System.out.println("ID： " + id + "\n 姓名： " + name);
18         }
19   }
```

TempEmployee.java:

```
1  public class TempEmployee extends Employee{
2        double salaryPerDay;
3        public TempEmployee(String id, String name, double salary) {
```

```
4            super(id, name);
5            this.salaryPerDay = salary;
6        }
7    public double getSalary() {
8           return salaryPerDay;
9    }
10       public void print() {
11            super.print();
12            System.out.println("类型：临时员工 \n 日薪：" + getSalary() + "元");
13       }
14   }
```

ContractEmployee.java:

```
1  public class ContractEmployee extends Employee{
2       double salaryPerMonth;
3       boolean hasBonus;
4       final double BONUS_RATE = 0.10;
5       public ContractEmployee(String id, String name, double salary, boolean hasBonus) {
6            super(id, name);
7            this.salaryPerMonth = salary;
8            this.hasBonus = hasBonus;
9       }
10       public double getSalary() {
11            if (hasBonus)
12                 return salaryPerMonth * (1 + BONUS_RATE);
13            else
14                 return salaryPerMonth;
15       }
16       public void print() {
17            super.print();
18            System.out.println("类型：合同制员工\n 月薪：" + getSalary() + "元");
19       }
20   }
```

再定义两个对象进行测试，一个是临时员工，一个是合同制员工且包含奖金，代码如下。

TestEmployee.java:

```
1  public class TestEmployee {
2       public static void main (String [] args)
3       {
4            Employee em1 = new TempEmployee("10001", "张三", 100);
5            Employee em2 = new ContractEmployee("20001", "李四", 4000,  true);
6            em1.print();
7            System.out.println("\n");
8            em2.print();
9       }
10   }
```

输出结果：

ID：10001
姓名：张三
类型：临时员工
日薪：100.0 元

ID：20001
姓名：李四
类型：合同制员工
月薪：4400.0 元

第 5 章 异常的处理

知识点、技能点

- 异常的基本概念
- Java 异常类的层次
- Java 异常的抛出方法

学习要求

- 了解 Java 异常的基本概念
- 了解 Java 异常类的层次结构
- 掌握异常的抛出方法和自定义异常

教学基础要求

- 掌握 Java 抛出和处理异常的方法

5.1 任务预览

通常情况下，员工的ID位数是固定的。在本例中，设定员工的ID位数为5位，当输入的员工的ID位数不满足要求时，需要报告异常。

5.2 相关知识

5.2.1 异常的基本概念

异常（Exception）指的是程序运行中出现的非正常情况，又称为差错、违例等。Java程序可以用代码来处理异常并继续执行程序，而不是让程序中断。

在程序运行过程中，任何中断正常程序流程的情况都是错误或异常。例如，发生下列情况时，会出现异常。

☑ 打开的文件不存在。

☑ 网络连接突然中断。

☑ 操作数超出预定的范围，如除数为0。

☑ 数组下标越界。

在用传统的语言编程时，程序员只能通过函数的返回值来发出错误信息。这容易导致很多错误，因为在很多情况下需要知道错误产生的内部细节。为了解决这些问题，Java对异常的处理是面向对象的。Java的Exception是一个描述异常情况的类。当出现异常情况时，一个Exception对象就产生了，并被放到产生这个异常的方法里。每当Java程序运行过程中发生一个可识别的运行错误时，即该错误有一个异常类与之对应时，系统都会产生该异常类的一个对象，即产生一个异常。异常对象一旦产生，系统中就一定有相应的机制来处理它，确保不会产生死机、死循环或其他对操作系统的损害，从而保证了整个程序运行的安全性。

Java异常处理的语法格式如下。

```
try   // try 语句块
{
     要检查的程序语句;
     ...
}
catch (异常类  对象名称) // catch 语句块
{
     异常发生的处理语句;
}
finally    //finally 语句块
{
     一定会运行到的代码;
}
```

try 语句块中若是有异常发生，则程序运行中断，并抛出异常类产生的对象。

抛出的对象如果属于 catch()括号内欲捕获的异常类，则 catch 会捕捉此异常，然后进到 catch 的块里继续运行。

finally 语句块一般是用来处理一些资源释放之类的事情，无论是否发生异常都会执行 finally 语句块里面的内容，如果没有这样的需求，也可以不写 finally 语句块。

5.2.2　异常类的层次

Java 的异常类是处理运行错误的特殊类，每一个异常类都对应一种特定的运行错误。所有的 Java 异常类都是系统类库中 Exception 类的子类，其类的层次结构如图 5-1 所示。

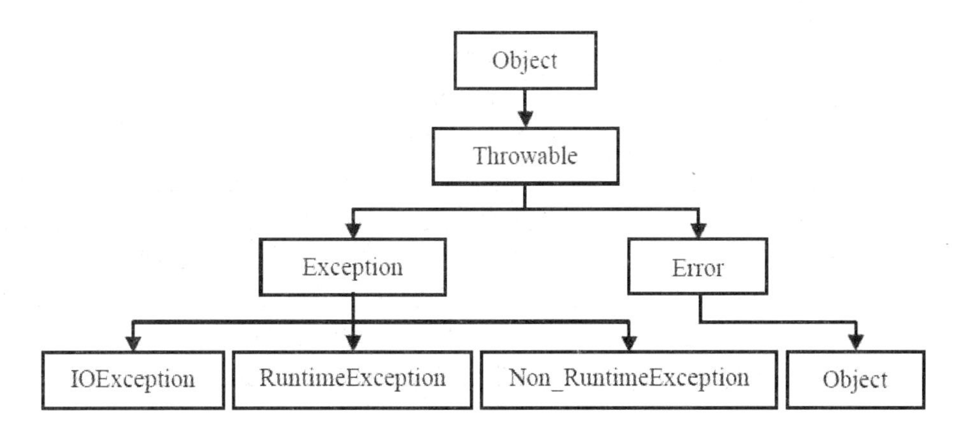

图 5-1　Java 异常类层次结构图

在图 5-1 中，Throwable 类是类库 java.lang 包中的一个类，它派生了两个子类：Exception 和 Error。其中 Error 类由系统保留，而 Exception 类则供应用程序使用。

1. Error 类

Error 类由 Java 虚拟机生成并抛弃，例如，动态链接错误、虚拟机错误等。通常 Java 程序不对这类异常进行处理。

在 Java 编程语言中，错误（Error）类定义被认为是不能恢复的严重错误。在大多数情况下，当遇到这样的错误时，建议中断程序。

2. Exception 类

一般性程序故障，由用户代码或类库生成并抛出，Java 程序需要对它们进行处理。同其他的类一样，Exception 类有自己的方法和属性。它的构造方法有以下两个。

```
public Exception();
public Exception(String s);
```

第 2 个构造方法可以接受字符串 s 参数传入的信息，该信息通常是对该异常所对应的错误的描述。

Exception 类还从父类 Throwable 那里继承了若干方法，其中常用的方法如下。

```
public String toString()            //返回描述当前 Exception 类信息的字符串
public void printStackTrace()       //没有返回值
/*printStackTrace 的功能是完成一个打印操作，打印当前异常对象的堆栈使用轨迹，即程序调用执行
了哪些对象或类的哪些方法，使运行过程中产生了这个异常。*/
```

Exception 类有若干个子类，每一个子类代表一种特定的运行错误。那些系统事先定义好并包含在 Java 类库中的子类称为系统定义的运行异常。

常见的系统异常类如表 5-1 所示。

表 5-1　Java 常见的系统异常类

异　常　类	说　　明
ClassNotFoundException	未找到欲装载使用的类
ArrayIndexOutOfBoundsException	数组越界使用
FileNotFoundException	未找到指定的文件或目录
IOException	输入、输出错误
NullPointerException	引用空的尚无内存空间的对象
ArithmeticException	算术错误，如除数为 0
InterruptedException	线程在睡眠、等待或因其他原因暂停时被其他线程打断
UnknownHostException	无法确定主机的 IP 地址
SecurityException	安全性错误，如 Applet 欲读/写文件
MalformedURLException	URL 格式错误

5.2.3　异常的抛出

在 5.2.2 节中介绍了异常类的层次机构和系统常见的异常类。本节将介绍如何抛出异常和如何利用 try-catch 结构接收抛出的异常。异常的抛出通常有两种方式：在程序中抛出异常和指定方法抛出异常。下面将一一介绍这两种异常的抛出方式。

1. *在程序中抛出异常*

在程序中使用 throw 关键字抛出异常，其语法格式如下。

```
throw 异常类实例对象;
```

throw 抛出的是一个异常类的实例对象，下面来看一个实例。

【例 5.1】

TestException.java:

```
1  public class TestException {
2      public static void main (String [] args)
3      {
4          int a = 4;
```

```
5            int b = 0;
6            try
7            {
8                System.out.println(a + "/" + b + "=" + a/b);
9            }
10            catch(ArithmeticException e)
11            {
12                System.out.println("抛出异常:" + e);
13            }
14        }
15    }
```

输出结果：

```
抛出异常：java.lang.ArithmeticException: / by zero
```

上面的程序计算 a/b 的值，在第 5 行将 b 赋值为 0，在第 8 行计算 a/b 时，由于 b=0，因此系统会抛出 ArithmeticException 异常。在第 10 行进行异常捕获，捕获到上面抛出的异常，然后在第 12 行进行显示。

2. 指定方法抛出异常

如果方法内的程序代码发生异常，且方法内又没有使用任何代码块来捕捉这些异常，则必须在声明方法时一并指明所有可能发生的异常，以便让调用此方法的程序做好准备来捕捉异常。也就是说，如果方法会抛出异常，则可将处理此异常的 try-catch-finally 块写在调用此方法的程序代码内。

如果要由方法来抛出异常，则可以通过以下方式来声明：

```
方法名称(参数,…) throws 异常类 1, 异常类 2, …
```

将上面的程序进行修改，代码如下。

【例 5.2】

TestException.java:

```
1    public class TestException {
2        public void div(int a, int b) throws ArithmeticException
3        {
4            System.out.println(a + "/" + b + "=" + a/b);
5        }
6        public static void main (String [] args)
7        {
8            TestException test = new TestException();
9            try
10            {
11                test.div(4, 0);
12            }
13            catch(ArithmeticException e)
14            {
15                System.out.println("抛出异常:" + e);
```

```
16              }
17          }
18  }
```

输出结果：

```
抛出异常:java.lang.ArithmeticException: / by zero
```

在上面的程序中并没有对 a/b 部分添加 try-catch 结构，而是通过方法直接将异常抛出。在第 11 行调用 div()方法时，添加 try-catch 结构来捕获 div()方法抛出的异常。如果在 main()函数里面也不对异常进行处理，而是继续通过方法的方式将其抛出，这个异常则会继续向上传递，由于 main()函数是程序的起点，此异常只能交给 JVM 处理。

5.2.4 自定义异常

Java 类库中定义的异常主要用来处理系统可以预见的、比较常见的运行错误。如果某个应用程序有特殊的要求，则可能出现系统不能识别的运行错误，这时，用户就需要自己创建异常和异常类，使系统能够识别这种错误并进行处理，以增强用户程序的健壮性和容错性，从而使系统更加稳定。

用户自定义的异常类必须是 Throwable 类的直接或间接子类，但是一般不作为 Error 类的子类。创建用户自定义的异常时，一般需要定义自己的异常类，其语法格式如下。

```
class 异常名称 extends Exception
{
    ...
}
```

在 Exception 类中提供了大量的方法，通过继承，子类可以很方便地使用它们。下面是一个使用自定义异常类的例子。

【例 5.3】

NumberException.java:

```
1   class NumberException extends Exception
2   {
3           public NumberException() {
4                   super();
5           }
6           public NumberException(String s) {
7                   super(s);
8           }
9   }
```

TestDefException.java:

```
1   public class TestDefException {
2           public int add(int a, int b) throws NumberException
3           {
```

```
4            if (a < 0 || a > 1000 || b < 0 || b > 1000)
5                throw new NumberException("数字超出范围!");
6            return a + b;
7        }
8
9        public static void main (String [] args)
10        {
11            TestDefException test = new TestDefException();
12            try
13            {
14                int c = test.add(2, 2000);
15            }
16            catch (NumberException e)
17            {
18                System.out.println("抛出异常：" + e);
19            }
20        }
21    }
```

输出结果：

```
抛出异常: NumberException: 数字超出范围!
```

在 NumberException.java 中定义了一个 NumberException 类，并利用 super()函数调用父类的函数实现相应的功能。在 TestDefException.java 的第 2 行定义了一个 add()函数，在 TestDefException.java 的第 5 行抛出了异常，然后在主函数中的第 14 行，在调用 add()函数时，利用 try-catch 结构来捕获前面抛出的异常。

5.3　任务实现

用户可以在 Employee 的构造方法中对 ID 的位数进行判断，当位数不满足要求时，抛出非法参数异常。参考代码如下。

Employee.java:

```
1    public class Employee {
2        String id;
3        String name;
4
5        public Employee(String id, String name) {
6            if (id.length() != 5)
7                throw new IllegalArgumentException("ID 的长度应为 5");
8            this.id = id;
9            this.name = name;
10        }
11        public String getId(){
12            return id;
```

```
13          }
14          public String getName() {
15                return name;
16          }
17          public void print() {
18                System.out.println("ID:" + id + "\n 姓名:" + name);
19          }
20    }
```

TestEmployee.java:

```
1   public class TestEmployee {
2         public static void main (String [] args)
3         {
4               Employee employee = new Employee("10002", "张三");
5               employee.print();
6               System.out.println(employee instanceof Employee);
7         }
8   }
```

输出结果：

```
Exception in thread "main" java.lang.IllegalArgumentException: ID 的长度应为 5
      at TestEmployee.Employee.<init>(Employee.java:9)
      at TestEmployee.TestEmployee.main(TestEmployee.java:6)
```

第 6 章 图形化员工信息管理系统

知识点、技能点

- Swing 基本知识
- Java 的容器组件
- Java 常用的非容器组件
- Java 布局管理器
- Java 事件处理机制
- Java 菜单的创建

学习要求

- 掌握 Swing 三种容器组件的使用
- 掌握 Swing 常用组件的使用
- 掌握几种布局管理器的使用和区别
- 掌握 Java 添加事件处理的方法
- 掌握图形界面添加菜单的方法

教学基础要求

- 掌握 Java 开发图形界面程序的基本步骤和方法
- 掌握常见的 Swing 容器的使用
- 掌握 Java 为控件添加事件处理函数的方法

6.1 任务预览

本章将学习 Java 图形化程序设计，并将前面的员工管理系统中员工的信息输入改为图形的方式，效果如图 6-1 所示。

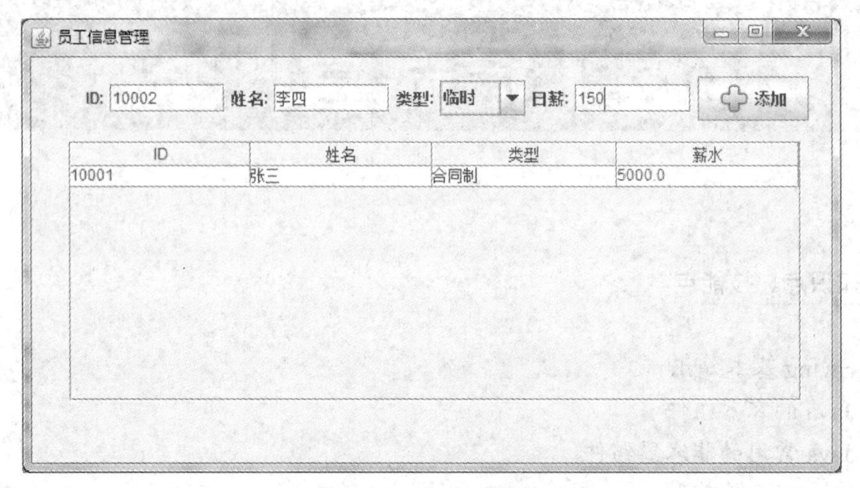

图 6-1　图形化员工管理系统效果图

6.2 相关知识

6.2.1　AWT 和 Swing 简介

图形用户界面简称 GUI（Graphics User Interface），它给用户提供了一个直观、方便、快捷的图形化操作界面。从 Java 语言诞生到现在，它已经提供了两代图形用户界面。

第一代图形用户界面 AWT（Abstract Window Toolkit）提供了基本的图形用户界面。AWT 的特点是简单、稳定、重量级（依赖本地平台），AWT 涉及的类都在 java.awt 包及其子包中。本章主要介绍 Swing 的组件。

用 AWT 组件设计出来的图形界面，窗口中的组件，如按钮等都是与操作系统相对应的组件基本一致的，所以利用 AWT 设计的程序在不同的操作系统中运行的效果是不一致的。AWT 实现中对平台是有依赖的，它的相关组件是重量级的，不够灵活。如果在平台上没有相关的组件，则其应用就没法实现。

SwingGUI 组件是 Java 提供的第二代图形用户界面，该组件不含任何与平台有关的本地代码。Swing 组件的这个特点使得基于 Swing 组件的图形界面程序具有良好的跨平台性能。此外，即使最简单的 Swing 组件也提供了比 AWT 组件更强的功能。

按组件的用途，可以分为顶层容器、一般容器、专用容器、基本控件、不可编辑信息组件和可编辑组件。

（1）顶层容器主要有3种：小应用程序（Applet和JApplet）、对话框（Dialog和JDialog）和框架（Frame和JFrame）。顶层的容器主要用来设计嵌入在网页中运行的程序。与框架相比，对话框的限制更多一些，设计起来更简单一些。标准的对话框可以通过类javax.swing.JDialog来创建。框架中为窗口提供了各种基本框架，可以方便地组装各种组件。

（2）一般容器包括面板（JPanel）、滚动窗格（JScrollPane）、分裂窗格（JSplitPane）、选项卡窗格（JTabbedPane）和工具条（JToolBar）。面板是最为普通的容器；滚动窗格具有滚动条；分裂窗格是用来装两个组件的容器；选项卡窗格允许多个组件共享相同的界面空间；工具条通常将多个组件（常常是带图标的按钮组件）排成一行或一列。

（3）专用容器包括内部框架（JInternalFrame）、分层窗格（JLayeredPane）和根窗格（JRootPane）。采用内部框架可以在一个窗口内显示若干个类似于框架的窗口。分层窗格给窗格增加了深度的概念。当两个或多个窗格重叠在一起时，就可以根据窗格的深度值来决定应当显示哪一个窗格的内容。一般是显示深度值大的窗格。根窗格一般是自动创建的。

（4）基本控件包括按钮（JButton）、单选按钮（JRadioButton）、复选框（JCheckBox）、组合框（JComboBox）和列表（JList）等。

（5）不可编辑信息组件包括标签（JLabel）和进度条等；可编辑组件包括文本编辑框（JTextField）等。Java的包中含有丰富的组件。下面的各节只是介绍一些常用的组件。

6.2.2 Swing的容器

上面已经提到Java的GUI程序设计类分为容器类和组件类。容器类组件是用来包含其他组件的。JComponent是所有Swing组件的超类。Swing中的容器类继承自AWT的顶层容器类Window。

可以看出Swing的容器类都是继承或者间接继承AWT的Container类的，这样Swing组件都可以使用add()方法添加组件。常用的Swing容器类有JFrame、JPanel和JApplet等。Swing的常用组件有JButton、JTextField、JTextArea和JLabel等。

1. JFrame类

JFrame框架是容器之一，按钮、标签等组件都可以加载到框架中。在Swing中利用JFrame类来描述框架。

JFrame类的常见构造方法有以下几种：

```
JFrame frame = new JFrame();                //创建一个没有标题的 frame
JFrame frame = new JFrame("test");          //创建一个标题为 test 的 frame
```

JFrame常用的方法有以下几种：

```
void getTitle();                            //返回 Frame 的标题
String setTitle(String title);              //设置框架的标题为 title
Container getContentPane();                 //返回框架所对应的容器，类型为 Container
void setSize(int w, int h);                 //设置框架的宽和高
void setVisible(boolean b);                 //设置框架是否可见，由 b 决定：true 可见；false 不可见
void setJMenuBar(JMenuBar menuBar);         //为 frame 设置菜单项
```

```
void repaint(long time, int x, int y, int width, int height);        //在 time 毫秒内重绘给定的矩形区域
void setDefaultCloseOperation(int operation); /*设置单击右上角的关闭按钮关闭窗体时所执行的操作。
参数是整型的静态常量字段，只能选下面 4 项之一：
☑  HIDE_ON_CLOSE; ：隐藏本窗口
☑  DO_NOTHING_ON_CLOSE; ：不执行任何操作
☑  DISPOSE_ON_CLOSE; ：关闭并释放本窗口占用的资源
☑  EXIT_ON_CLOSE; ：退出结束整个应用程序
上面的 4 个字段都是以 JFrame 作为前缀的*/
void setIconImage(Image image);                                      //设置本窗口左上角的图标
void setLayout(LayoutManager manager);                               //设置窗口的布局
```

下面是从 Frame 继承而来的常用方法。

```
void setTitle(String title);                                         //设置窗口标题
void setExtendedState(int state); /*按给定的参数设置窗口的状态，参数是 Frame 类定义的整型静态常
量，表示窗口的状态：
☑  NORMAL：正常状态
☑  ICONIFIED：将窗口图标化（最小化）
☑  MAXIMIZED_HORIZ：水平方向最大化
☑  MAXIMIZED_VERT：垂直方向最大化
☑  MAXIMIZED_BOTH：水平和垂直方向均最大化
*/
void setResizable(boolean resizable);                                //设置窗口是否可以由用户调整大小
boolean isResizable();                                               //判断窗口是否可以由用户调整大小
```

在编写 GUI 程序时，需要建立一个类并继承 JFrame，通过该类来定义框架，并在新的框架中加载各种 GUI 组件。首先来看一个例子。

【例 6.1】

TestJFrame.java:

```
1   import javax.swing.JFrame;
2   public class TestJFrame extends JFrame{
3       public TestJFrame(String title) {
4           super(title);
5       }
6
7       public static void main (String [] args)
8       {
9           TestJFrame frame = new TestJFrame("First Frame");
10            frame.setSize(300, 300);
11            frame.setLocation(200, 200);
12            frame.setDefaultCloseOperation(JFrame.EXIT_ON_CLOSE);
13            frame.setVisible(true);
14        }
15  }
```

程序运行结果如图 6-2 所示。

图 6-2　JFrame 示例

在上面程序的第 1 行首先导入 JFrame 包，在第 2 行建立一个 TestJFrame 类并继承 JFrame，然后在第 4 行利用 super 关键字调用父类的构造函数。

在 main 方法里面的第 9 行建立一个 TestJFrame 类的对象 frame，然后设置其大小和坐标，并利用 setDefaultCloseOperation()方法设置框架关闭时的操作。

Java 的框架是用来放置按钮、菜单等组件的容器。JFrame 内部包含一个内容面板（content panel）的容器。向 JFrame 中添加组件是添加到它的内容面板中的。内容面板是 Container 类的对象。调用其 add()方法添加组件。这种添加组件的方式比较复杂。从 JDK 5.0 之后的版本可以直接利用 JFrame 调用 add()方法向内容面板添加组件。前面提到 JFrame 类也是继承自 Container 类。新版本将 JFrame 中的 add()方法重写了，这样添加组件就更加方便。下面是一个利用 JFrame 的 add ()方法添加组件的实例。

【例 6.2】

TestJFrame.java:

```
1   import javax.swing.JButton;
2   import javax.swing.JFrame;
3   public class TestJFrame extends JFrame{
4       private JButton button;
5       public TestJFrame(String title) {
6           super(title);
7           button = new JButton("button");
8           this.add(button);
9       }
10
11      public static void main (String [] args)
12      {
13          TestJFrame frame = new TestJFrame("First Frame");
14          frame.setSize(300, 300);
15          frame.setLocation(200, 200);
```

```
16              frame.setDefaultCloseOperation(JFrame.EXIT_ON_CLOSE);
17              frame.setVisible(true);
18          }
19      }
```

程序运行结果如图 6-3 所示。

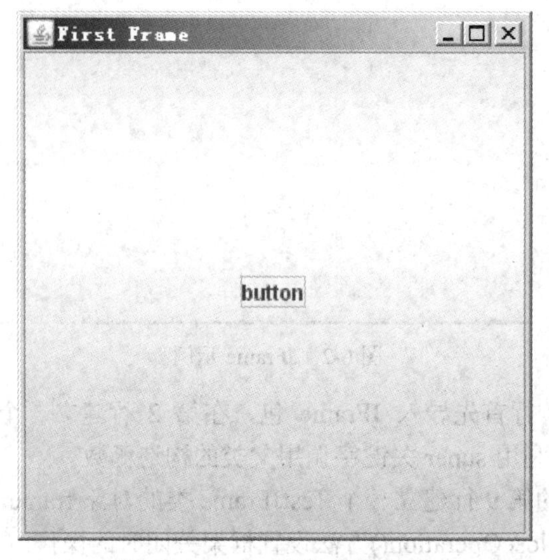

图 6-3 JFrame 添加组件示例

在上面的例子中，第 4 行定义了一个 JButton 对象，第 8 行利用 add()方法将其添加到 JFrame 的框架中。

2. JDialog 对话框

JDialog 类是对话框类，类似 JFrame，对话框也是有边框、有标题的底层容器，但是在程序中，对话框一般不单独使用，常常依附于别的容器（如 JFrame）。对话框分为模式和非模式两种，模式对话框是打开之后必须响应的对话框，它的出现会阻塞其他线程的运行，因此在打开模式对话框之后就不能操控程序中的其他窗口，必须要将模式对话框关闭之后才行。

JDialog 主要有以下几种构造方法：

```
JDialog(Frame owner);                                  //构造指定所有者的非模式对话框
JDialog(Frame owner, boolean modal);
                        //构造指定所有者和模式的对话框。如果参数 modal 为 true，则为模式对话框
JDialog(Frame owner, String title);                    //构造指定所有者和标题的非模式对话框
JDialog(Frame owner, String title, boolean modal);     //构造指定所有者、标题和模式的对话框
```

由于 JFrame 继承 Frame，因此上面的 4 个构造方法的 owner 也可以是 JFrame 的窗口，模式参数 modal 为 true，表示模式对话框；模式参数 modal 为 false，表示非模式对话框。

在 Java1.5 版本之后，提供以下两个方法来设置和获取对话框的模式：

```
void setModality(Dialog.ModalityType type);        //设置对话框的模式
Dialog.ModalityType getModality();                 //获取对话框的模式
```

对话框的模式类型取自下面的 4 个枚举类型。

☑ MODELESS：无模式，对话框不阻塞任何窗口。

☑ APPLICATION_MODAL：应用程序模式，对话框阻塞同一个 Java 应用程序中的所有窗口。

☑ DOCUMENT_MODAL：文档模式，对话框阻塞同一文档的所有窗口。

☑ TOOLKIT_MODAL：工具包模式，对话框阻塞同一工具包运行的所有窗口。

这 4 个常量都是在 Dialog 类嵌套的枚举类型 ModalityType 中定义的，是静态的枚举常量，使用时需要加上 Dialog.ModalityType 前缀，如 Dialog.ModalityType.MODELESS。

下面用一个例子来具体介绍 JDialog 的用法。

【例 6.3】

TestJDialog.java:

```
1   import java.awt.*;
2   import javax.swing.JDialog;
3   import javax.swing.JFrame;
4   import javax.swing.JLabel;
5   public class TestJDialog extends JFrame{
6       public TestJDialog(String title) {
7           super(title);
8       }
9
10      public static void main (String [] args)
11      {
12          TestJDialog frame = new TestJDialog("First Frame");
13          frame.setSize(300, 300);
14          frame.setLocation(200, 200);
15          frame.setDefaultCloseOperation(JFrame.EXIT_ON_CLOSE);
16          frame.setVisible(true);
17
18          JDialog dialog = new JDialog(frame, "JDialog 测试示例");
19          dialog.setModalityType(Dialog.ModalityType.APPLICATION_MODAL);
20          dialog.setLocation(frame.getX() + 50, frame.getY() + 50);
21          dialog.setSize(200, 200);
22          dialog.add(new JLabel("欢迎使用 JDialog"));
23          dialog.setVisible(true);
24      }
25  }
```

程序运行结果如图 6-4 所示。

在上面的程序中，第 18 行定义了一个 JDialog 的对象，然后在第 19 行设置其为应用程序模式，并在第 22 行向 dialog 中添加了一个 JLabel 对象。运行程序后可以发现，如果不关闭 Dialog，用户是没有办法操作后面的 Frame 窗口的。

图 6-4　JDialog 使用示例

3. 面板 JPanel 类

面板用来组织框架窗口中组件的布局，是各种组件的底板。先将组件放在面板上，然后再将面板放在框架中。JPanel 不能独立存在，必须依赖于其他的容器，一个面板可以有自己的布局管理器。

JPanel 主要有以下两个构造方法：

```
JPanel panel = new JPanel();
JPanel panel = new JPanel(LayoutManager layout); //为 JPanel 指定布局管理器
```

JPanel 常用的方法主要有：

```
void setLayout (Layout layout)              //设置 JPanel 的布局管理器
void add(Component c)                       //在面板中添加容器组件
void setToolTipText(String text)            //设置面板的工具提示
void setSize(int w, int h)                  //设置面板的宽和高
```

下面通过一个例子来介绍 JPanel 的用法。

【例 6.4】

TestJPanel.java:

```
1   import java.awt.Color;
2   import java.awt.Container;
3   import javax.swing.JFrame;
4   import javax.swing.JPanel;
5   public class TestJPanel {
6       public static void main (String [] args)
7       {
8           JFrame frame = new JFrame("Test JPanel");
9           frame.setSize(300, 300);
10          frame.setLocation(200, 200);
11          frame.setDefaultCloseOperation(JFrame.EXIT_ON_CLOSE);
```

```
12              frame.setVisible(true);
13
14              JPanel panel1 = new JPanel(null);
15              panel1.setSize(100, 100);
16              panel1.setBackground(Color.RED);
17
18              JPanel panel2 = new JPanel(null);
19              panel2.setSize(200, 200);
20              panel2.setBackground(Color.GREEN);
21
22              panel2.add(panel1);
23              Container con = frame.getContentPane();
24              con.setLayout(null);
25              con.add(panel2);
26          }
27      }
```

程序运行结果如图 6-5 所示。

图 6-5　JPanel 测试示例

6.2.3　常用的非容器组件

1. JButton 按钮类

JButton 是一个按钮工具，通常用来触发某个事件的发生，提供“按下并动作”的基本用户界面。例如，单击“退出”按钮退出程序等。

按钮一般对应一个事先定义好的功能操作，并对应一段程序。当用户单击按钮时，系统自动执行与该按钮相联系的程序，从而完成预先指定的功能。

JButton 按钮不但拥有文字标签，还可以拥有一个图标，这个图标可以是用户自己绘制的图形，也可以是已经存在的.gif 图像。JButton 的按钮不但可以拥有一个图标，而且可以拥有一个以上的图标，并可根据 Swing 按钮所处状态的不同而自动变换不同的 Swing 按钮图标。使用 JButton 按钮可以方便地实现 Tooltips 功能（即当光标在按钮上停留很短的几秒钟时，屏幕上将会出现一个关于这个按钮的作用的简短提示信息）。

JButton 类主要有以下几种构造方法：

```
JButton();                          //构造一个没有文本的按钮
JButton(Icon icon);                 //构造一个带图标的按钮
JButton(String text);               //构造一个带文本的按钮
JButton(String text, Icon icon);    //构造一个带文本和图标的按钮
```

JButton 常用的方法有以下几种：

void setHorizontalTextPosition(int textPosition); /*设置文本相对于图标的水平位置，textPosition 参数取自 SwingConstant 接口的静态常量字段 LEFT、CENTER 或 RIGHT 等，也可以使用 JButton 作为前缀调用，例如 JButton.LEFT。默认情况下文本在图标的右边*/

void addActionListener(ActionListener listener); //添加动作事件监听器，以响应按钮的动作事件

getActionCommand();　//返回由该按钮发出的 action 事件的命令名称

setActionCommand(String actionCommand); //将该按钮发出的 action 事件的命令名称设置为指定的字符串

下面是一个测试 JButton 的例子。

【例 6.5】

TestJButton.java:

```
1   import java.awt.*;
2   import java.awt.event.ActionEvent;
3   import java.awt.event.ActionListener;
4
5   import javax.swing.ImageIcon;
6   import javax.swing.JButton;
7   import javax.swing.JFrame;
8   public class TestJButton extends JFrame{
9       public TestJButton(String title) {
10          super(title);
11      }
12
13      public static void main (String [] args)
14      {
15          TestJButton frame = new TestJButton("测试 JButton");
16          frame.setSize(300, 300);
17          frame.setLocation(200, 200);
18          frame.setDefaultCloseOperation(JFrame.EXIT_ON_CLOSE);
19          frame.setVisible(true);
20
21          ImageIcon icon = new ImageIcon("d:\\icon.png");
22          JButton button = new JButton("确定", icon);
23          button.setActionCommand("Enter");
24          button.addActionListener(new ButtonListener());
25          frame.getContentPane().setLayout(new FlowLayout());
26          frame.getContentPane().add(button);
```

```
27              frame.setVisible(true);
28          }
29  }
30
31 class ButtonListener implements ActionListener
32 {
33          private static int count = 0;
34          public void actionPerformed(ActionEvent e)
35          {
36                  if (c.gctActionCommand().equals("Enter"))
37                  {
38                          count++;
39                          count = count % 3;
40                          JButton button = (JButton)e.getSource();
41                          if (count == 0)
42                                  button.setHorizontalTextPosition(JButton.RIGHT);
43                          else if (count == 1)
44                                  button.setHorizontalTextPosition(JButton.CENTER);
45                          else
46                                  button.setHorizontalTextPosition(JButton.LEFT);
47                  }
48          }
49 }
```

程序运行结果如图 6-6 所示。

图 6-6　JButton 按钮使用示例

在上面的程序的第 22 行建立了一个 JButton 类型的对象，并给它指定了文本和图标。在程序的第 24 行添加 button 的事件处理。在第 31 行定义了一个 ButtonListener 类实现 ActionListener 来处理 button 的事件。在程序运行后，可以发现在单击按钮之后，图标和文字之间的位置会在 RIGHT、CENTER 和 LEFT 之间转换。

2.　JLabel 标签类

一个标签类对象显示一行静态文本。程序可以改变标签的内容，但用户不能改变。标签起到信息说明的作用，每个标签用 JLabel 类的一个对象表示。标签没有任何特殊的边框和装饰。JLabel 标签还可以显示图标。

JLabel 类有以下几种构造函数：

```
JLabel();                       //构造没有文字的标签
JLabel(String text);            //构造显示指定文本的标签
```

```
JLabel(Icon icon);                                //构造显示指定图标的标签
JLabel(String text, Icon icon, int positionAlignment); //构造指定文本、图标和水平对齐方式的标签
/*positionAlignment 参数取自 SwingConstant 接口的静态常量字段 LEFT、CENTER 或 RIGHT 等，也可以使用 JLabel 作为前缀调用，例如 JLabel.LEFT。默认情况下文本在图标的右边*/
```

JLabel 常用的方法有：

```
String getText();                                 //返回标签的文本
void setText(String text);                        //设置标签的文本为 text
void setIcon(Icon icon);                          //设置标签的图标
Icon getIcon();                                   //返回标签的图标
void setFont(Font font);                          //设置标签的字体
Font getFont();                                   //返回标签的字体
void setOpaque(boolean isOpaque);                 //设置标签是否透明
/*参数为 true 时不透明，为 false 时是透明的。该方法从 JComponent 类继承而来*/
void setHorizontalAlignment(int alignment);  //设置标签的水平对齐方式
void setVerticalAlignment(int alignment);    //设置标签的垂直对齐方式
/*标签的水平对齐方式与 JButton 的 setHorizontalTextPosition 相同。垂直对齐方式的参数取自静态常量 TOP、CENTER（默认）和 BOTTOM。它们也是在 SwingConstant 接口中定义的，也可以使用 JLabel 作为前缀来使用，例如 JLabel.TOP;*/
```

下面是一个测试 JLabel 的例子。

【例 6.6】

TestJLabel.java:

```
1   import java.awt.*;
2   import java.awt.event.ActionEvent;
3   import java.awt.event.ActionListener;
4
5   import javax.swing.BoxLayout;
6   import javax.swing.ImageIcon;
7   import javax.swing.JLabel;
8   import javax.swing.JFrame;
9   public class TestJLabel extends JFrame{
10          public TestJLabel(String title) {
11                super(title);
12          }
13
14          public static void main (String [] args)
15          {
16                TestJLabel frame = new TestJLabel("测试 JLabel");
17                frame.setSize(300, 300);
18                frame.setLocation(200, 200);
19                frame.setDefaultCloseOperation(JFrame.EXIT_ON_CLOSE);
20                frame.setVisible(true);
21
22                ImageIcon icon = new ImageIcon("d:\\icon.png");
23                JLabel label1 = new JLabel("确定");
24                JLabel label2 = new JLabel(icon);
```

```
25            JLabel label3 = new JLabel("确定", icon, JLabel.RIGHT);
26
27            frame.getContentPane().setLayout(new FlowLayout());
28            frame.getContentPane().add(label1);
29            frame.getContentPane().add(label2);
30            frame.getContentPane().add(label3);
31            frame.setVisible(true);
32        }
33    }
```

程序运行结果如图 6-7 所示。

图 6-7　JLabel 使用示例

在上面的程序中，第 23～25 行定义了 3 个 JLabel 对象，分别是只有文本、只有图标、和既有文本又有图标的 3 个不同的对象。

3. JTextField 单行文本框、JTextArea 多行文本框和 JPasswordField 密码框

（1）单行文本框（JTextField 类）

单行文本框 JTextField 既可以用于显示输出信息，又可以用于接收输入的信息，主要用于编辑文本。

JTextField 有以下几种构造函数：

```
JTextField ();                         //创建一个空的文本框
JTextField (String text);              //创建一个指定 text 字符串的文本框
JTextField (int column);               //创建一个指定 column 字符宽度的文本框
JTextField (String text, int column);  //创建一个指定 text 字符串和 column 字符宽度的单行文本框
```

JTextField 常用的方法有：

```
String getText();                      //返回单行文本框的内容
void setText(String text);             //设置单行文本框的文本为 text
void setEditable(boolean b);           //设置单行文本框的内容是否可编辑
boolean isEditable();                  //返回该文本框是否可编辑
String getSelectedText();              //返回该文本框中选中的文本
String getSelectionStart();            //返回该文本框选中的文本的起始位置
```

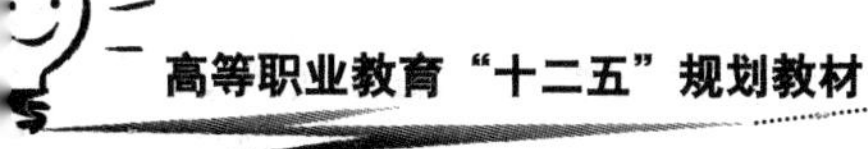

```
String getSelectionEnd();               //返回该文本框选中的文本的结束位置
String select(int start, int end);      //选中该文本框中从 start 到 end 位置之间的文本
String selectAll();                     //选中该文本框的所有文本
void addActionListener(ActionListener listener); //为单行文本框添加事件监听器 listener，响应 action 事件
void setColumns(int columns);           //设置文本框的列数
void setHorizontalAlignment(int alignment);
/*设置水平对齐方式
参数取自 SwingConstant 接口的静态常量字段 LEFT、CENTER 或 RIGHT，也可以使用 JTextField 作为前缀，例如 JTextField.LEFT;*/
```

（2）多行文本框（JTextArea 类）

JTextArea 实现了可以处理多行文本信息的文本框。JTextArea 提供了比较丰富的成员方法，可以对输入的文本内容进行编辑，但 JTextArea 不能自动进行滚屏处理，即当文本内容超出了 JTextArea 指定的区域，文本框也不会自动出现滚动条。要实现自动添加滚动条的功能就需要使用 JScrollPane。

JTextArea 有以下几种构造方法：

```
JTextArea ();                           //创建一个空的、系统默认大小的文本区
JTextArea (String text);                //创建一个指定 text 字符串的文本区
JTextArea (int row, int col);           //创建一个指定行数和列数的文本区
JTextArea (String text, int row, int col); //创建一个指定行数和列数，并包含指定字符内容的文本区
```

JTextArea 的常用方法有：

```
void append(String text);               //在当前文本区的基础上添加指定的字符串
int getColumns();                       //返回该文本区中列的数目
int getRows();                          //返回该文本区中行的数目
void insert(String text, int pos);      //将指定的文本插入到该文本区的指定位置
void replaceRange(String text, int start,int end);
/*将文本区中指定位置的文本，从 start 开 始到 end（不包括 end）结束用指定的字符串替换*/
void setRows(int row);                  //设置该文本区的行数
void setColumns(int col);               //设置该文本区的列数
void addActionListener(ActionListener listener);
/*将指定的 action 事件接收器添加到该文本区中，用来接收该文本区的 action 事件*/
```

JTextArea 文本区没有滚动条，如果需要滚动条，可以在文本区中插入一个 JScrollPane，例如：

```
JTextArea textArea = new JTextArea(8, 40);
JScrollPane scrollPane = new JScrollPane(textArea);
```

（3）密码框 JPasswordField 类

JPasswordField 类与 JTextField 类一样可以用来接受单行文本的输入。采用 JTextField，则在文本框中可以直接看到输入的字符；采用 JPasswordField，则输入的字符在文本框中表示成“*”。

JPassWordField 有以下几种构造方法：

```
JPasswordField();                       //构造一个密码框
```

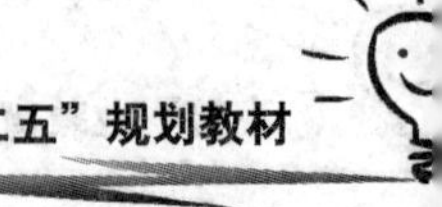

```
JPasswordField(int columns);          //构造一个指定列数的密码框
```

JPasswordField 的常用方法有：

```
void setEchoChar(char c);             //设置密码框的回显字符
char []getPassowrd();                 //获取密码框字符，并存放在一个字符数组中
```

默认情况下，JPasswordField 中是禁止中文输入法的。如果需要输入中文字符密码，则要调用密码框从 Component 类继承来的方法 enableInputMethods(true)。

下面是一个演示 JTextField、JTextArea 和 JPasswordField 使用方法的例子。

【例 6.7】

TestJText.java:

```
1   import javax.swing.*;
2   public class TestJText extends JFrame{
3       public TestJText(String title) {
4           super(title);
5       }
6
7       public static void main (String [] args)
8       {
9           TestJText frame = new TestJText("测试  JText");
10           frame.setSize(300, 300);
11           frame.setLocation(200, 200);
12           frame.setDefaultCloseOperation(JFrame.EXIT_ON_CLOSE);
13           frame.setVisible(true);
14
15           JTextField textField = new JTextField("测试 JTextField", 100);
16           JTextArea textArea = new JTextArea(2, 100);
17           JPasswordField pwdField = new JPasswordField(200);
18           JScrollPane scrollPane = new JScrollPane(textArea);
19           pwdField.setEchoChar('*');
20
21           frame.setLayout(null);
22           textField.setBounds(10, 10, 300, 50);
23           scrollPane.setBounds(10, 100, 300, 100);
24           pwdField.setBounds(10, 250, 300, 50);
25           frame.setBounds(200, 200, 500, 500);
26
27           frame.add(textField);
28           frame.add(scrollPane);
29           frame.add(pwdField);
30           frame.setVisible(true);
31       }
32   }
```

程序运行结果如图 6-8 所示。

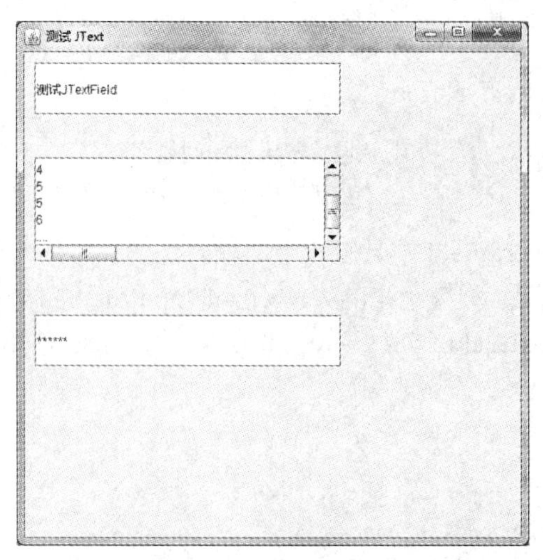

图 6-8　文本框使用示例

在上面的程序中，第 15～17 行定义了一个 JTextField 对象、一个 JTextArea 对象和一个 JPasswordField 对象，在程序的第 19 行设置 JPasswordField 的回显字符为'*'。

4. JTable 表格控件

（1）简单的表格

JTable 控件用于显示二维表格。JTable 并不自己存储数据，而是从一个表格模型中获取数据。JTable 类有一个构造器能够将一个二维的对象数据包装进一个默认的模型中。这样可以不用表格默认就可以创建一个简单的表格了。如图 6-9 所示的表格中的数据是以 Object 值的二维数组的形式来存储的。

```
private Object[][] data =
{
    {"10001", "张三", "3000"},
    {"10002", "李四", "4000"},
    …
};
```

SimpleTable

ID	Name	Salary
10001	张三	3000
10002	李四	4000
10003	王五	5000
10004	小明	5000
10005	小张	5000

图 6-9　JTable 建立的表格

可以使用一个单独的字符串数组来定义列名，代码如下。

```
String[] columnNames = {"ID", "Name", "Salary"};
```

与 JTextArea 一样，JTable 也不带滚动条，如果需要添加滚动条，可以将 table 插入到一个 JScrollPane 中，代码如下。

```
String[] columnNames = {"ID", "Name", "Salary"};
JScrollPane scrollPane = new JScrollPane(table);
```

这样产生的简单的表格已经具有非常丰富的功能了。可以自由地调整表格列的尺寸，自由地拖动改变列之间的相互位置，还可以修改表格中的数据，如图 6-10 和图 6-11 所示。

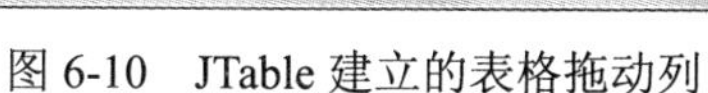

图 6-10　JTable 建立的表格拖动列

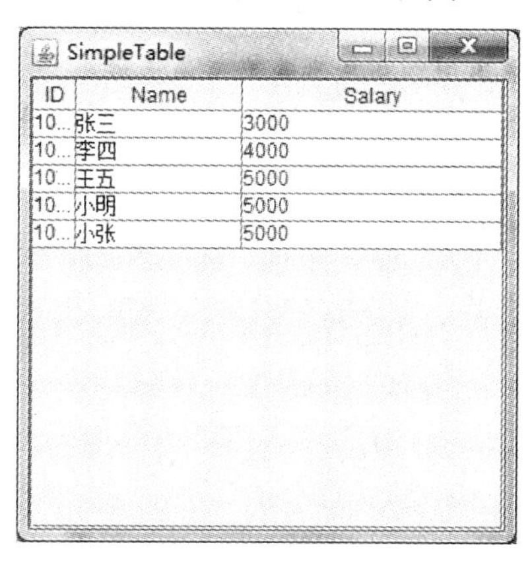

图 6-11　JTable 建立的表格改变列宽和修改数据

从 Java 5.0 起，可以使用 JTable 的 print()方法对表格进行打印，代码如下。

```
table.print();
```

此时会出现一个打印的对话框，里面可以设置各种打印的选项，确定后会将表格传送给打印机进行打印，如图 6-12 所示。

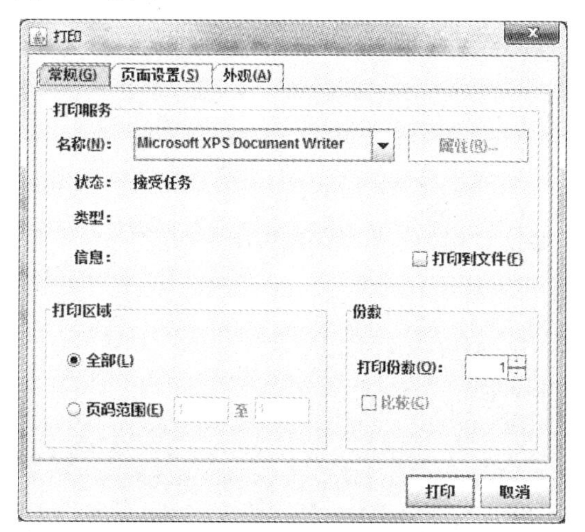

图 6-12　JTable 的打印对话框

下面是一个 JTable 的例子。

【例 6.8】

SimpleTable.java:

```
1   import java.awt.BorderLayout;
2   import java.awt.event.ActionEvent;
3   import java.awt.event.ActionListener;
4   import javax.swing.*;
5   public class SimpleTable extends JFrame{
6        private Object[][] data =
7        {
8            {"10001", "张三", "3000"},
9            {"10002", "李四", "4000"},
10           {"10003", "王五", "5000"},
11           {"10004", "小明", "5000"},
12           {"10005", "小张", "5000"},
13       };
14       private String[] columnNames = {"ID", "Name", "Salary"};
15       JButton printButton = new JButton("打印");
16       JPanel btnPanel = new JPanel();
17       public SimpleTable() {
18           super("SimpleTable");
19           this.setBounds(100, 100, 300, 300);
20           final JTable table = new JTable(data, columnNames);
21           this.add(new JScrollPane(table), BorderLayout.CENTER);
22           printButton.addActionListener(new ActionListener()
23           {
24               public void actionPerformed(ActionEvent event)
25               {
26                   try {
27                       table.print();
28                   }
29                   catch (java.awt.print.PrinterException e) {
30                       System.out.println(e.getMessage());
31                   }
32               }
33
34           });
35           btnPanel.add(printButton);
36           this.add(btnPanel, BorderLayout.SOUTH);
37           this.setVisible(true);
38       }
39       public static void main (String [] args) {
40           new SimpleTable();
41       }
42  }
```

程序运行结果如图 6-13 所示。

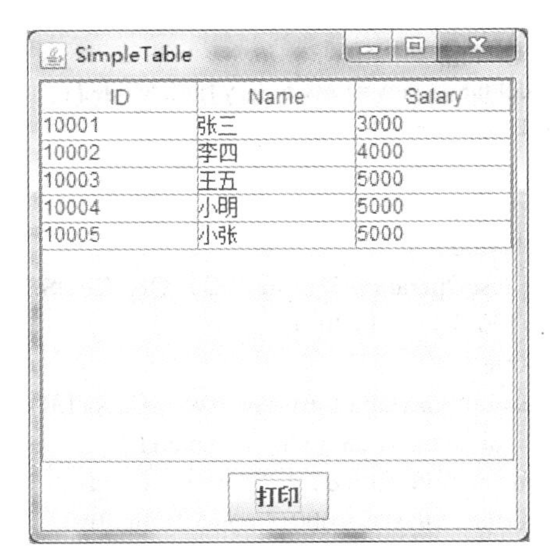

图 6-13　JTable 表格使用示例

（2）表格模型

在前面的例子中，表格的对象呈现是存储在一个二维数组中的，不过通常不会在代码中使用这种策略，而是对一个表格进行动态的插入或删除，然后再在表格中更新显示，这样可以考虑实现自己的表格模型。

表格模型的实现非常简单，因为可以充分利用 AbstractTableModel 类，它实现了大部分必需的方法。用户仅仅需要提供下面 3 个方法的实现即可。

```
public int getRowCount();
public int getColumnCount();
public Object getValueAt(int row, int column);
```

实现 getValueAt()方法有很多途径：可以直接计算结果，或者从一个数据库或其他的存储库中查询某个值。

getRowCount()和 getColumnCount()方法用于返回表格的行数和列数。

如果在使用时不提供列名，那么 AbstractTableModel 的 getColumnName()方法会将列命名为 A、B、C 等。如果要改变列名，只需要覆盖 getColumnName()方法。例如：

```
public String getColumnName(int col){
    return "第" + col + "列";
}
```

下面是一个利用 TableModel 实现向表格中动态添加数据的例子。

【例 6.9】

TestTableModel.java:

```
1   import java.awt.*;
2   import java.awt.event.*;
3   import java.util.Vector;
4   import javax.swing.*;
5   import javax.swing.table.*;
6
7   public class TestTableModel extends JFrame{
```

```
8        JButton addBtn = new JButton("添加");
9        final SalaryTableModel tableData = new SalaryTableModel();
10       JTable table = new JTable(tableData);
11
12       public TestTableModel() {
13           super("TestTableModel");
14           this.setDefaultCloseOperation(JFrame.EXIT_ON_CLOSE);
15           this.setBounds(100, 100, 300, 300);
16           this.setVisible(true);
17           this.add(new JScrollPane(table), BorderLayout.CENTER);
18           addBtn.addActionListener(new ActionListener() {
19               public void actionPerformed(ActionEvent event) {
20                   tableData.addData("10001", "张三", 3000);
21               }
22           });
23           this.add(addBtn, BorderLayout.SOUTH);
24       }
25
26       public static void main (String [] args) {
27           new TestTableModel();
28       }
29   }
30
31   class SalaryTableModel extends AbstractTableModel
32   {
33       private Vector<String> idData = new Vector<String>();
34       private Vector<String> nameData = new Vector<String>();
35       private Vector<String> salaryData = new Vector<String>();
36       private String[] columnName = {"ID", "Name", "Salary"};
37       public int getRowCount() {
38           return idData.size();
39       }
40       public int getColumnCount() {
41           return 3;
42       }
43       public Object getValueAt(int row, int col) {
44           if (col == 0) return idData.elementAt(row);
45           else if (col == 1) return nameData.elementAt(row);
46           else return salaryData.elementAt(row);
47       }
48       public String getColumnName(int col) {
49           return columnName[col];
50       }
51       public void addData(String id, String name, int salary) {
52           idData.addElement(id);
53           nameData.addElement(name);
54           salaryData.addElement(Integer.toString(salary));
55           fireTableDataChanged();
56       }
57   }
```

程序运行结果如图 6-14 所示。

TestTableModel

ID	Name	Salary
10001	张三	3000
10001	张三	3000
10001	张三	3000
10001	张三	3000
10001	张三	3000
10001	张三	3000

添加

图 6-14　使用表格模型向表格中添加数据

5. 文件对话框

在编写应用程序时，通常希望可以打开和保存文件。一个好的文件对话框可以显示文件和目录，可以让用户浏览文件系，这是很难编写的。幸运的是，Swing 提供了 JFileChooser 类，它可以显示一个文件对话框，它与本地应用程序中使用的文件对话框基本一致。JFileChooser 是一个模式对话框。但是 JFileChooser 类并不是 JDialog 类的子类，需要调用 showOpenDialog，或者调用 showSaveDialog 来显示保存文件的对话框，而不是调用 setVisible(true)来显示打开文件对话框。接收文件的按钮标签被指定为 Open 或者 Save，也可以调用 showDialog()方法指定自己的标签。图 6-15 就是一个可选择文件的对话框。

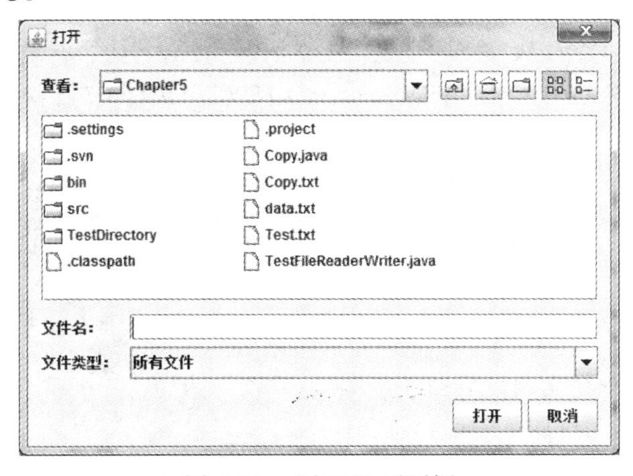

图 6-15　“打开”对话框

下面是建立文件对话框并获取用户选择信息的步骤。

（1）建立一个 JFileChooser 对象。与 JDialog 类的构造不同，它不需要指定父类的组件。允许在多个框架中重用一个文件选择器。例如：

```
JFileChooser chooser = new JFileChooser();
```

（2）调用 setCurrentDirectory()方法设置当前目录，例如，使用当前的工作目录。

```
chooser.setCurrentDirectory(new File("."));
```

setCurrentDirectory()方法需要提供一个 File 对象，File 对象将在下一章进行介绍。

（3）如果希望用户选择默认文件名，可以使用 setSelectedFile()方法进行指定。

```
chooser.setSelectedFile(new File(filename));
```

（4）如果允许用户在对话框中选择多个文件，需要调用 setMutilSelectionEnable()方法，这是可选的。

```
chooser.setMutilSelectionEnable(true);
```

（5）在默认情况下，用户只能选择文件。如果希望选择目录，需要使用 setFileSelectionMode()方法。参数值为 JFileChooser.FILES_ONLY（默认值）、JFileChooser.DIRECTORIES_ONLY 或者 JFileChooser.FILES_AND_IDRECTORIES。

（6）调用 showOpenDialog()或者 showSaveDialog()方法显示对话框。必须为这些调用提供父类组件。

```
int result = chooser.showOpenDialog(parent);
int result = chooser.showSaveDialog(parent);
```

这些调用的区别只是在于“确定”按钮的标签不同，单击“确定”按钮完成文件选择。也可以调用 showDialog()方法并将一个显式的文本传递给确认按钮。

```
int result = chooser.showDialog(parent, "选择");
```

当用户确定、取消或者离开文件对话框时才返回调用。返回值可以是 JFileChooser.APPROVE_OPTION、JFileChooser.CANCEL_OPTION 或者 JFileChooser.ERROR_OPTION。

（7）使用 getSelectedFile()或者 getSelectedFiles()方法来获得选择的一个或多个文件。这些方法将返回一个 File 对象或者一组 File 对象。如果需要文件对象的名字时，可以调用 getPath()方法。例如：

```
String filename = chooser.getSelectedFile().getPath();
```

下面是一个演示文件对话框使用的例子。

【例 6.10】

TestFileDialog.java:

```
1  import java.awt.*;
2  import java.awt.event.*;
3  import java.io.File;
4  import javax.swing.*;
5  public class TestFileDialog extends JFrame{
6      JButton openBtn = new JButton("打开");
7      JTextField field = new JTextField(20);
```

```
8         JPanel ctrlPanel = new JPanel();
9         public TestFileDialog() {
10              this.setBounds(100, 100, 400, 200);
11              ctrlPanel.setLayout(new FlowLayout());
12              ctrlPanel.add(field);
13              ctrlPanel.add(openBtn);
14              this.add(ctrlPanel, BorderLayout.NORTH);
15              this.setVisible(true);
16              this.setDefaultCloseOperation(JFrame.EXIT_ON_CLOSE);
17              openBtn.addActionListener(new OpenButtonListener());
18          }
19          class OpenButtonListener implements ActionListener {
20            public void actionPerformed(ActionEvent arg0) {
21                    JFileChooser chooser = new JFileChooser();
22                    chooser.setCurrentDirectory(new File("."));
23                    int result = chooser.showDialog(TestFileDialog.this, "选择");
24                    if (result == JFileChooser.APPROVE_OPTION)
25                          field.setText(chooser.getSelectedFile().getPath());
26            }
27          }
28          public static void main (String [] args) {
29                new TestFileDialog();
30          }
31    }
```

上面的例子通过一个“打开”按钮触发事件打开文件对话框，然后将选择的文件路径显示在一个文本框中。程序运行结果如图 6-16 和图 6-17 所示。

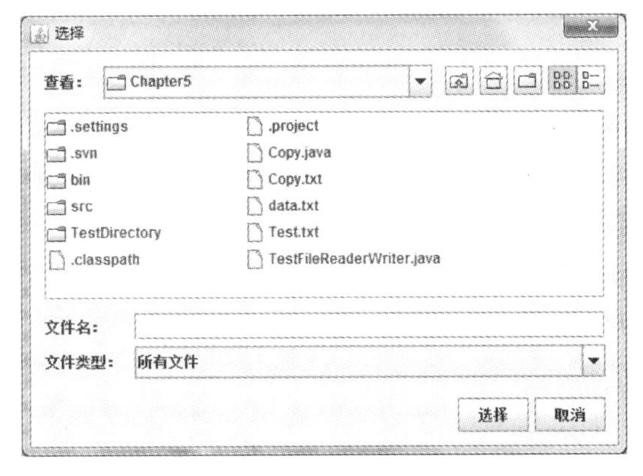

图 6-16　选择文件对话框

图 6-17　程序运行效果

6. JCheckBox 复选框类

复选框可以让用户做出多个选择，它有两种状态，分别为“开”和“关”，可以用 true（选中）和 false（没选中）来表示。当用户单击复选框时，复选框的状态就会改变，并且产生相应的事件。

JCheckBox 的构造函数有以下几种：

```
JCheckBox();                                        //构造一个复选框
JCheckBox(String text);                             //构造带文本的复选框
JCheckBox(String text, boolean selected);           //构造带文本和选择状态的复选框
JCheckBox(Icon icon);                               //构造一个带图标的复选框
JCheckBox(String text, Icon icon, boolean selected); //构造一个带文本、图标和选择状态的复选框
```

JCheckBox 的常用方法主要有：

```
String getText();                                   //获取该复选框的标签
void setText (String text);                         //设置该复选框的标签为 text
boolean isSelected ();                              //获取该复选框是否选中
void setSelected (boolean selected);                //设置该复选框的选择状态，由参数 selected 决定
void setMnemonic (KeyEvent.VK_keyname); /*设置与复选框对象等效事件的键（Alt+keyname），例如，
参数为 KeyEvent.VK_A，表明按 Alt+A 键相当于单击该复选框*/
void addActionListener(ActionListener listener);    //添加动作事件监听器
void addItemListener(ItemListener listener);        //添加选项事件监听器
```

下面通过一个例子来具体说明 JCheckBox 类的用法。

【例 6.11】

TestJCheckBox.java:

```
1   import java.awt.*;
2   import java.awt.event.ItemEvent;
3   import java.awt.event.ItemListener;
4
5   import javax.swing.JCheckBox;
6   import javax.swing.JFrame;
7   import javax.swing.JLabel;
8   import javax.swing.JPanel;
9   public class TestJCheckBox
10  {
11
12      JCheckBox apple;
13      JCheckBox banana;
14      JCheckBox pear;
15      JCheckBox orange;
16      JLabel displayLabel;
17      JPanel checkPanel;
18
19      public TestJCheckBox()
20      {
21          apple = new JCheckBox("苹果");
```

```
22            banana = new JCheckBox("香蕉");
23            pear = new JCheckBox("梨子");
24            orange = new JCheckBox("橘子");
25
26            CheckBoxListener listener = new CheckBoxListener();
27            apple.addItemListener(listener);
28            banana.addItemListener(listener);
29            pear.addItemListener(listener);
30            orange.addItemListener(listener);
31
32            displayLabel = new JLabel("你的选择是：");
33
34            checkPanel = new JPanel();
35            checkPanel.setLayout(new GridLayout(0, 1));
36            checkPanel.add(apple);
37            checkPanel.add(banana);
38            checkPanel.add(pear);
39            checkPanel.add(orange);
40            checkPanel.add(displayLabel);
41        }
42
43        class CheckBoxListener implements ItemListener
44        {
45            public void itemStateChanged(ItemEvent e)
46            {
47                String choices = "你的选择是：";
48                if (apple.isSelected())
49                    choices += apple.getText() + ", ";
50                if (banana.isSelected())
51                    choices += banana.getText() + ", ";
52                if (pear.isSelected())
53                    choices += pear.getText() + ", ";
54                if (orange.isSelected())
55                    choices += orange.getText();
56                displayLabel.setText(choices);
57            }
58        }
59
60
61        public static void main (String [] args)
62        {
63            JFrame frame = new JFrame("测试 JCheckBox");
64            TestJCheckBox test = new TestJCheckBox();
65
66            frame.setLocation(200, 200);
67            frame.setSize(300, 300);
68            frame.getContentPane().setLayout(new FlowLayout());
69            frame.getContentPane().add(test.checkPanel);
70            frame.setVisible(true);
71        }
72    }
```

程序运行结果如图 6-18 所示。

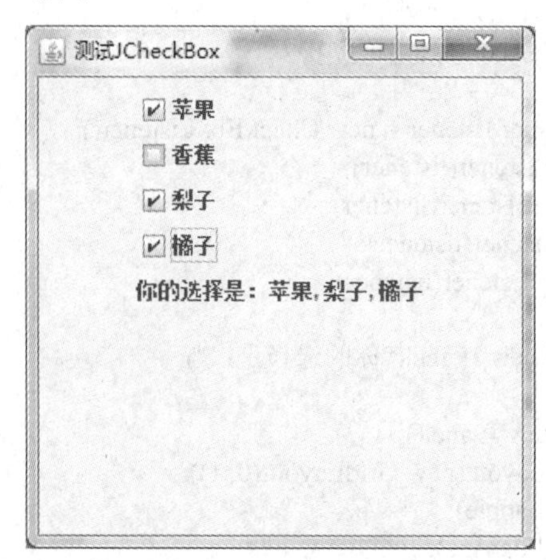

图 6-18　JCheckBox 复选框使用示例

在上面的程序中，第 12～15 行定义了 4 个 JCheckBox 对象，第 27～30 行给这 4 个对象添加监听的事件。在程序的第 43 行定义了一个 CheckBoxListener 来处理 JCheckBox 的事件，CheckBoxListener 实现了 ItemListener 接口和 ItemListener 的 itemStateChanged()方法。从图 6-18 中可以看出，对于 CheckBox 可以选择多个。

7. JRadioButton 单选按钮和 ButtonGroup 按钮组

如果程序提供给用户几种选择，但只允许用户选择其中一种（通常必须选择一种），则可以采用单选按钮 JRadioButton。JRadioButton 用于接收用户的单选输入。按钮组组件 ButtonGroup 与 JRadioButton 配合使用，建立多个单选按钮之间的这种单选关系。

JRadioButton 类的构造方法形式和 JCheckBox 相同。与复选框一样，单选按钮也拥有继承而来的 setSelected()、isSelected()、addActionListener()和 addItemListener()等方法。

按钮组 ButtonGroup 类提供了把 JRadioButton 对象分成组，建立多个单选按钮的功能。首先利用构造方法建立 ButtonGroup 对象，随后利用 add()方法把 JRadioButton 对象加入到组中，利用 remove()方法可以把 JRadioButton 对象从组中移去。

ButtonGroup 类的常用方法有：

```
ButtonGroup();                       //构造按钮组对象（只有这一个构造方法）
void add(AbstractButton button);     //向按钮组添加按钮
void clearSelection();               //清除按钮组中按钮的选中状态，这时所有的按钮均处于未选状态
int getButtonCount();                //返回按钮组的按钮个数
void remove(AbstractButton button); //将按钮 button 从按钮组中移除
```

下面通过一个例子来具体说明 JRadioButton 类和 ButtonGroup 类的用法。

【例 6.12】

TestJRadioButton.java:

```
1   import java.awt.*;
2   import java.awt.event.ActionEvent;
```

```
3   import java.awt.event.ActionListener;
4
5   import javax.swing.ButtonGroup;
6   import javax.swing.JRadioButton;
7   import javax.swing.JFrame;
8   import javax.swing.JLabel;
9   import javax.swing.JPanel;
10   public class TestJRadioButton
11   {
12
13       JRadioButton apple;
14       JRadioButton banana;
15       JRadioButton pear;
16       JRadioButton orange;
17       ButtonGroup group;
18       JLabel displayLabel;
19       JPanel checkPanel;
20
21       public TestJRadioButton()
22       {
23           apple = new JRadioButton("苹果");
24           banana = new JRadioButton("香蕉");
25           pear = new JRadioButton("梨子");
26           orange = new JRadioButton("橘子");
27           group = new ButtonGroup();
28
29           RadioListener listener = new RadioListener();
30           apple.addActionListener((ActionListener) listener);
31           banana.addActionListener(listener);
32           pear.addActionListener(listener);
33           orange.addActionListener(listener);
34           group.add(apple);
35           group.add(banana);
36           group.add(pear);
37           group.add(orange);
38
39           displayLabel = new JLabel("你的选择是：");
40
41           checkPanel = new JPanel();
42           checkPanel.setLayout(new GridLayout(0, 1));
43           checkPanel.add(apple);
44           checkPanel.add(banana);
45           checkPanel.add(pear);
46           checkPanel.add(orange);
47           checkPanel.add(displayLabel);
48       }
49
50       class RadioListener implements ActionListener
51       {
```

```
52          public void actionPerformed(ActionEvent e)
53          {
54              displayLabel.setText("你的选择是：" + e.getActionCommand());
55          }
56      }
57
58      public static void main (String [] args)
59      {
60          JFrame frame = new JFrame("测试 JRadioButton");
61          TestJRadioButton test = new TestJRadioButton();
62
63          frame.setLocation(200, 200);
64          frame.setSize(300, 300);
65          frame.getContentPane().setLayout(new FlowLayout());
66          frame.getContentPane().add(test.checkPanel);
67          frame.setVisible(true);
68      }
69  }
```

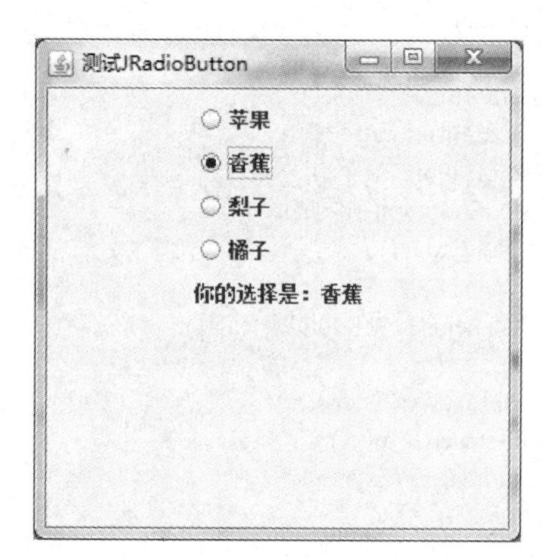

图 6-19　JRadioButton 单选按钮使用示例

在上面的程序中，第 13～16 行定义了 4 个 JRadioButton 按钮，在第 17 行定义了一个 ButtonGroup 对象，在第 34～37 行，分别将这 4 个对象加入到定义的 ButtonGroup 中。在第 50 行定义了一个 RadioListener 类，RadioListener 类实现了 ActionListener 接口，在 ActionListener 接口的 actionPerformed 函数中进行事件的处理。

8. 组合列表 JComboBox 类和列表 JList 类

组合列表框（JComboBox）有时也称为下拉框。可以从它的下拉式列表框中选择列表项目。列表框（JList）的界面显示出一系列的列表项，并且可以从中选取一到多个列表项。

JComboBox 类常用的方法有：

```
JComboBox();                    //创建一个下拉列表类
void addItem(Object obj)        /*向组合框添加一个项目（必须是 Object 类型或其子类，不能是基
本数据类型，如 int，double；但是可以是 Integer，double）*/
```

```
Object getItemAt (int index)        //获取组合框的第 index 项
int getItemCount ()                 //返回组合框的项目数量
int getSelectedIndex()              //返回组合框选中项目的下标
Object getSelectedItem()            //返回组合框的选中项目
void removeItemAt (int index)       //删除组合框中的第 index 项
void removeAllItems()               //删除组合框的所有项目
void removeItem (Object obj)        //删除组合框指定内容的项目
```

下面通过一个例子来具体说明 JComboBox 类的用法。

【例 6.13】

TestJComboBox.java:

```
1   import java.awt.FlowLayout;
2   import java.awt.event.ActionEvent;
3   import java.awt.event.ActionListener;
4
5   import javax.swing.JButton;
6   import javax.swing.JComboBox;
7   import javax.swing.JFrame;
8   import javax.swing.JPanel;
9
10  public class TestJComboBox {
11      JComboBox comboBox;
12      JButton delBtn;
13      JButton clearBtn;
14      JButton fillBtn;
15      JPanel panel;
16
17      public TestJComboBox()
18      {
19          panel = new JPanel(new FlowLayout());
20          comboBox = new JComboBox();
21          delBtn = new JButton("删除");
22          clearBtn = new JButton("清空");
23          fillBtn = new JButton("填充");
24
25          for (int i = 1; i <= 10; i++)
26              comboBox.addItem("Item:" + i);
27
28          delBtn.addActionListener(new ActionListener() {
29                      public void actionPerformed(ActionEvent e) {
30                          comboBox.removeItem (comboBox.getSelectedItem());
31                      }});
32          clearBtn.addActionListener(new ActionListener() {
33                      public void actionPerformed(ActionEvent e) {
34                          comboBox.removeAllItems();
35                      } });
36          fillBtn.addActionListener(new ActionListener() {
37                      public void actionPerformed(ActionEvent e) {
```

```
38                          comboBox.removeAllItems();
39                          for (int i = 1; i <= 10; i++) {
40                              comboBox.addItem("Item:" + i);
41                          }
42                      } });
43          panel.add(comboBox);
44          panel.add(delBtn);
45          panel.add(clearBtn);
46          panel.add(fillBtn);
47      }
48
49      public static void main (String [] args)
50      {
51          JFrame frame = new JFrame("测试 JComboBox");
52          TestJComboBox test = new TestJComboBox();
53
54          frame.setLocation(200, 200);
55          frame.setSize(300, 300);
56          frame.getContentPane().setLayout(new FlowLayout());
57          frame.getContentPane().add(test.panel);
58          frame.setVisible(true);
59      }
60  }
```

程序运行结果如图 6-20 所示。

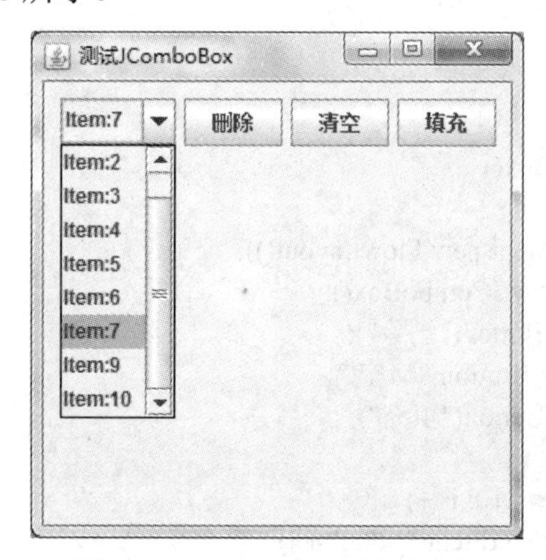

图 6-20　JComboBox 使用示例

在上面的程序中，第 20 行定义了一个 JComboBox 的对象，在第 21～23 行分别定义了 3 个按钮来对上面定义的 ComboBox 进行删除、清空和填充操作。在第 28～42 行分别添加上面 3 个按钮的事件处理。

9. 滚动条 JScrollBar 类

滚动条是非常简单而常用的控件，一般有两个作用，一方面是作为滑块使用，用来代表数据完成某些操作；另一方面是用来实现窗口的滚动。

JScrollBar 的构造函数如下。

```
JScrollBar(int orientation, int value, int extent, int min, int max)
```

- ☑ orientation：滚动条方向，JScrollBar.HORIZONTAL 代表水平，JScrollBar.VERTICAL 代表垂直。
- ☑ value：滑块初始位置，为整数。
- ☑ extent：滑块尺寸，一般为 1。
- ☑ min：滚动槽最小值，为整数。
- ☑ max：滚动槽最大值，为整数。

JScrollBar 常用的方法有：

```
int getvalue ();                                  //返回滑块的当前位置
void setunitincrement (int unitincrement);        //设置单位增量为设定值（点按两端箭头）
void setblockincrement(int blockincrement);       //设置块增量为设定值（点按滚动槽）
int getunitincrement();                           //获取单位增量为设定值（点按两端箭头）
int getblockincrement ();                         //获取块增量为设定值（点按滚动槽）
```

下面通过一个例子来具体说明 JScrollBar 类的用法。

【例 6.14】

TestJScrollBar.java:

```
1  import java.awt.Color;
2  import java.awt.FlowLayout;
3  import java.awt.GridLayout;
4  import java.awt.event.AdjustmentEvent;
5  import java.awt.event.AdjustmentListener;
6
7  import javax.swing.JFrame;
8  import javax.swing.JLabel;
9  import javax.swing.JPanel;
10  import javax.swing.JScrollBar;
11
12  public class TestJScrollBar {
13      JScrollBar redBar = new JScrollBar(JScrollBar.HORIZONTAL,0,5,0,255);
14      JScrollBar greenBar = new JScrollBar(JScrollBar.HORIZONTAL,0,5,0,255);
15      JScrollBar blueBar = new JScrollBar(JScrollBar.HORIZONTAL,0,5,0,255);
16      JLabel redLabel = new JLabel("R");
17      JLabel greenLabel = new JLabel("G");
18      JLabel blueLabel = new JLabel("B");
19      JPanel redPanel = new JPanel(new GridLayout(1, 0));
20      JPanel greenPanel = new JPanel(new GridLayout(1, 0));
21      JPanel bluePanel = new JPanel(new GridLayout(1, 0));
22      JPanel panel = new JPanel(new GridLayout(0, 1));
23      JPanel colorPanel = new JPanel(null);
24
25      public TestJScrollBar()
```

```
26      {
27          redBar.addAdjustmentListener(new ScrollAdjustListener());
28          greenBar.addAdjustmentListener(new ScrollAdjustListener());
29          blueBar.addAdjustmentListener(new ScrollAdjustListener());
30          redPanel.add(redBar);
31          redPanel.add(redLabel);
32          greenPanel.add(greenBar);
33          greenPanel.add(greenLabel);
34          bluePanel.add(blueBar);
35          bluePanel.add(blueLabel);
36          panel.add(redPanel);
37          panel.add(greenPanel);
38          panel.add(bluePanel);
39          panel.setBounds(50, 200, 400, 100);
40
41          colorPanel.setBounds(50, 50,   200, 100);
42      }
43
44      public static void main (String [] args)
45      {
46          JFrame frame = new JFrame("测试 JScrollBar");
47          TestJScrollBar test = new TestJScrollBar();
48
49          frame.setLocation(200, 200);
50          frame.setSize(500, 500);
51          frame.getContentPane().setLayout(null);
52          frame.getContentPane().add(test.colorPanel);
53          frame.getContentPane().add(test.panel);
54          frame.setVisible(true);
55      }
56
57      class ScrollAdjustListener implements AdjustmentListener
58      {
59          public void adjustmentValueChanged(AdjustmentEvent e)
60          {
61                  colorPanel.setBackground(new   Color(redBar.getValue(),   greenBar.getValue(),
blueBar.getValue()));
62          }
63      }
64  }
```

程序运行结果如图 6-21 所示。

在上面的程序中，第 13～15 行定义了 3 个 JSccrollBar 来分别表示颜色的 3 个分量 RGB。在第 57 行定义了一个实现了 AdjustmentListener 的类来响应 ScrollBar 调整的事件。在 ScrollBar 调整时，上面方块的颜色会随之改变。

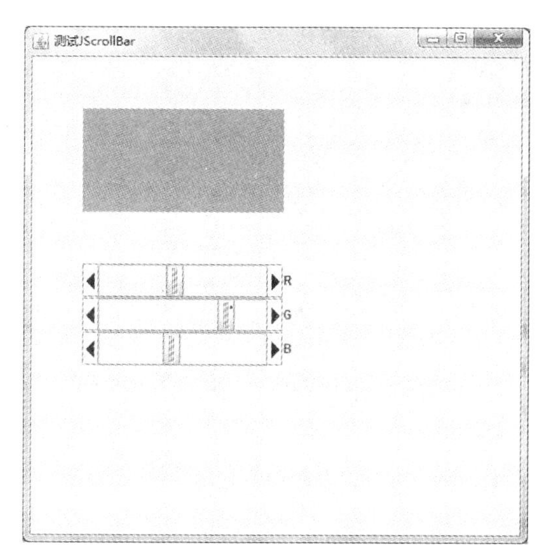

图 6-21　利用 JScrollBar 调节颜色

6.2.4　布局管理器

在 Java 的 GUI 界面设计中，布局控制是一个相当重要的环节。将一个组件加入容器中时，布局控制决定了所加入的组件的大小和位置。而布局管理器能自动设定容器中的组件的大小和位置，当容器改变大小时，布局管理器能自动地改变其中组件的大小和位置。

Java 中常用的布局有 FlowLayout、BorderLayout、CardLayout、GridLayout、BoxLayout 和 GridBagLayout 等。布局管理器 LayoutManager 是接口，FlowLayout、BorderLayout、CardLayout 等是布局类，它们都实现了 LayoutManager 接口。

容器一般是有默认布局的，如 JFrame 窗框的默认布局是边框布局（BorderLayout），JPanel 面板的默认布局是流布局（FlowLayout）。容器可以执行下面的方法设置或更改布局。

```
容器对象.setLayout(布局对象);
```

下面将一一介绍各种布局。

1. FlowLayout 流布局

FlowLayout 是容器 Panel/JPanel 和 Applet 类默认使用的布局管理器，如果不专门为 Panel/JPanel 或 Applet 指定布局管理器，它们就使用 FlowLayout。FlowLayout 对应的布局策略非常简单，这种策略配置组件的方式是组件按照加入的先后顺序从左向右排列，一行排满之后就转到下一行继续从左至右排列，每一行中的组件都居中排列。在组件不多时，使用这种策略非常方便，但是当容器内的 GUI 元素增加时，就显得高低参差不齐。

FlowLayout 有 CENTER、LEFT 和 RIGHT 这 3 个属性用于控制每一行的组件对齐方式。

FlowLayout 的构造方法有以下几种：

```
FlowLayout();                    //构造一个流布局，默认是居中对齐，水平和垂直的间隙为 5 像素
```

```
FlowLayout(int align);                    //构造指定对齐方式的流布局
```

/*对齐方式的参数取自静态常量字段 LEFT、CENTER（默认）或 RIGHT，这些常量均可以用 FlowLayout 作为前缀引用，如 FlowLayout.LEFT*/

```
FlowLayout(int align, int hgap, int vgap); //构造指定对齐方式、水平和垂直间隙的流布局
```

FlowLayout 常用的方法有：

```
int getAlignment();                 //返回该布局管理器的对齐方式
int getHgap();                      //返回该布局管理器的水平间距
int getVgap();                      //返回该布局管理器的垂直间距
void setAlignment(int align);       //设置该布局管理器的对齐方式为 align
void setHgap(int hgap);             //设置该布局管理器的水平间距为 hgap
void setVgap(int vgap);             //设置该布局管理器的垂直间距为 vgap
```

对于使用 FlowLayout 的容器，加入组件调用以下方法：

```
add(组件名)
```

设置一个容器为 FlowLayout 布局策略，调用以下方法：

```
setLayout(new FlowLayout())
```

下面用一个例子具体介绍 FlowLayout 布局的使用。

【例 6.15】

TestFlowLayout.java:

```
1  import java.awt.FlowLayout;
2
3  import javax.swing.JButton;
4  import javax.swing.JFrame;
5  public class TestFlowLayout {
6
7      public static void main (String [] args)
8      {
9          JFrame frame = new JFrame("测试 FlowLayout");
10
11             JButton btn1 = new JButton("按钮 1");
12             JButton btn2 = new JButton("按钮 2");
13             JButton btn3 = new JButton("按钮 3");
14             JButton btn4 = new JButton("按钮 4");
15             JButton btn5 = new JButton("按钮 5");
16             frame.setLocation(200, 200);
17             frame.setSize(300, 300);
18             frame.getContentPane().setLayout(new FlowLayout());
19             frame.getContentPane().add(btn1);
20             frame.getContentPane().add(btn2);
21             frame.getContentPane().add(btn3);
22             frame.getContentPane().add(btn4);
23             frame.getContentPane().add(btn5);
24             frame.setVisible(true);
25     }
26 }
```

程序运行结果如图 6-22 所示。

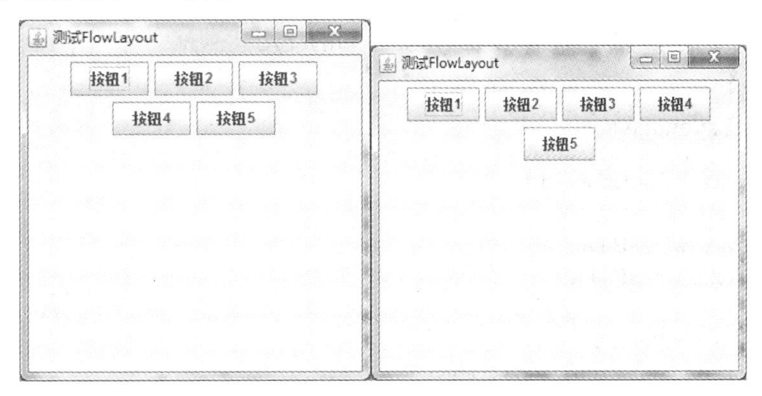

图 6-22　FlowLayout 流式布局示例

在上面的程序中，第 11～15 行分别定义了 5 个按钮，在第 18 行设置 frame 为 FlowLayout 流布局，可以发现在窗口的大小变化后，按钮的相对位置也会发生变化。

2. BorderLayout 边框布局

BorderLayout 是容器 Frame/JFrame 和 JApplet 默认使用的布局管理器。BorderLayout 也是一种简单的布局管理策略。它把容器内的空间划分成 5 个明显的区域：东、南、西、北、中。北占据容器的上方，东占据容器的右侧，南占据容器的下方，西占据容器的左侧。中间区域是东、南、西、北都填满后剩下的区域。当窗口垂直延伸时，南、北、中区域也随之延伸；而当窗口水平延伸时，东、西、中区域也随之延伸。如果某个区域没有分配组件，则其他组件可以占据它的空间。例如，如果北部没有组件，则西部和东部的组件将向上扩展到容器的最上方。如果东部和西部没有分配组件，则中部的组件将横向扩展到容器的左右边界。

BorderLayout 类提供了 EAST、WEST、SOUTH、NORTH 和 CENTER 共 5 个属性值代表东、西、南、北和中位置。

BorderLayout 的构造方法有以下几种：

```
BorderLayout();                          //构造一个边框布局
BorderLayout(int hgap, int vgap);        //构造一个指定水平和垂直间隙的边框布局
```

BorderLayout 常用的方法有：

```
int getHgap();                           //返回该布局管理器的水平间距
int getVgap();                           //返回该布局管理器的垂直间距
void setHgap(int hgap);                  //设置该布局管理器的水平间距为 hgap
void setVgap(int vgap);                  //设置该布局管理器的垂直间距为 vgap
```

对于使用 BorderLayout 的容器，加入组件调用以下方法：

```
add(组件名, 位置);
```

设置一个容器为 BorderLayout 布局策略，调用以下方法：

setLayout(new BorderLayout());

下面用一个例子具体介绍 BorderLayout 布局的使用。

【例 6.16】

TestBorderLayout.java:

```
1   import java.awt.BorderLayout;
2
3   import javax.swing.JButton;
4   import javax.swing.JFrame;
5
6   public class TestBorderLayout {
7       public static void main (String [] args)
8       {
9           JFrame frame = new JFrame("测试 BorderLayout");
10
11           JButton btnNorth = new JButton("北");
12           JButton btnWest = new JButton("西");
13           JButton btnSouth = new JButton("南");
14           JButton btnEast = new JButton("东");
15           JButton btnMid = new JButton("中");
16           frame.setLocation(200, 200);
17           frame.setSize(300, 300);
18           frame.getContentPane().setLayout(new BorderLayout());
19           frame.getContentPane().add(btnNorth, BorderLayout.NORTH);
20           frame.getContentPane().add(btnSouth, BorderLayout.SOUTH);
21           frame.getContentPane().add(btnWest, BorderLayout.WEST);
22           frame.getContentPane().add(btnEast, BorderLayout.EAST);
23           frame.getContentPane().add(btnMid, BorderLayout.CENTER);
24           frame.setVisible(true);
25       }
26   }
```

程序运行结果如图 6-23 所示。

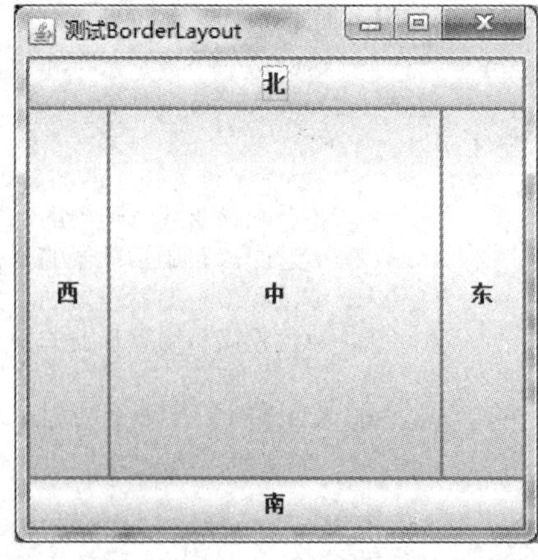

图 6-23　BorderLayout 边框布局使用示例

在上面的程序中，第 11～15 行分别定义了 5 个按钮，在第 18 行设置 frame 为 BorderLayout，然后将开始定义的 5 个按钮分别分配到布局的东、西、南、北和中。

3. GridLayout 网格布局

GridLayout 布局方式可以使容器中的各组件呈网格状分布。容器中各组件的高度和宽度相等，当容器的尺寸发生变化时，各组件的相对位置不变，但各自的尺寸会发生变化。各组件的排列方式为从上到下、从左到右。与 BorderLayout 类相类似，如果想在一个网格单元中添加多个组件，则必须先在该网格中放一个容器，再将多个组件放在该容器中。

GridLayout 网格布局的构造方法有以下几种：

```
GridLayout (); //构造一个 GridLayout 布局，每行一个组件
GridLayout (int rows, int cols); //构造一个 GridLayout 布局，有 rows 行、cols 列
GridLayout(int rows,int cols,int hgap,int vgap); /*构造一个 GridLayout 布局，有 row 行，Col 列，行间距和列间距分别为 hgap 和 vgap*/
```

GridLayout 常用的方法有：

```
int getHgap();                  //返回该布局管理器的水平间距
int getVgap();                  //返回该布局管理器的垂直间距
int getRows();                  //返回该布局管理器的行数
int getColumns();               //返回该布局管理器的列数
void setHgap(int hgap);         //设置该布局管理器的水平间距
void setVgap(int vgap);         //设置该布局管理器的垂直间距
void setRows();                 //设置该布局管理器的行数
void setColumns();              //设置该布局管理器的列数
```

对于使用 GridLayout 的容器，加入组件调用以下方法：

```
add(组件名);
```

设置一个容器为 GridLayout 布局策略，调用以下方法：

```
setLayout(new GridLayout ());
```

下面通过一个例子具体介绍 GridLayout 布局的使用。

【例 6.17】

TestGridLayout.java:

```
1  import java.awt.GridLayout;
2
3  import javax.swing.JButton;
4  import javax.swing.JFrame;
5
6  public class TestGridLayout {
7      public static void main (String [] args)
8      {
9          JFrame frame = new JFrame("测试 GridLayout");
10
```

```
11            frame.setLocation(200, 200);
12            frame.setSize(300, 300);
13            frame.getContentPane().setLayout(new GridLayout(3, 3, 10, 10));
14            frame.getContentPane().add(new JButton("1-1"));
15            frame.getContentPane().add(new JButton("1-2"));
16            frame.getContentPane().add(new JButton("1-3"));
17            frame.getContentPane().add(new JButton("2-1"));
18            frame.getContentPane().add(new JButton("2-2"));
19            frame.getContentPane().add(new JButton("2-3"));
20            frame.getContentPane().add(new JButton("3-1"));
21            frame.getContentPane().add(new JButton("3-2"));
22            frame.getContentPane().add(new JButton("3-3"));
23            frame.setVisible(true);
24        }
25    }
```

程序运行结果如图 6-24 所示。

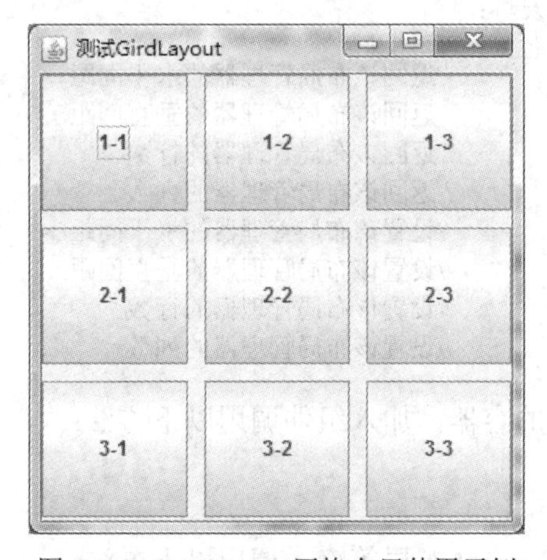

图 6-24　GridLayout 网格布局使用示例

在上面的程序中，在第 13 行设定 frame 的布局为 3×3 的网格布局，然后在第 14～22 行向 frame 中添加 9 个按钮。

4. CardLayout 卡片布局

CardLayout 类在处理容器内的组件时，容器表面上可以容纳多个组件。但是，在同一时间，容器只能从这些组件中选出一个来显示，就像一副扑克牌每次只能显示最上面的一张一样，而且可以向前翻阅组件，也可以向后翻阅组件。

CardLayout 卡片布局的构造方法有以下几种：

```
CardLayout ();                       //创建一个 CardLayout 布局
CardLayout (int hgap, int vgap);     //创建一个 CardLayout 布局，水平、垂直间距分别为 hgap, vgap
```

CardLayout 常用的方法有：

```
int getHgap();                       //返回该布局管理器的水平间距
int getVgap();                       //返回该布局管理器的垂直间距
```

```
void first(Container parent);                 //翻到使用该布局管理器的容器的第一个组件
void last(Container parent);                  //翻到使用该布局管理器的容器的最后一个组件
void setHgap(int hgap);                       //设置该布局管理器的水平间距
void setVgap(int vgap);                       //设置该布局管理器的垂直间距
void next(Container parent);                  //翻到使用该布局管理器的容器的下一个组件
void show(Container parent, String name);     //翻到使用该布局管理器的容器的指定名字的组件
```

对于使用 CardLayout 的容器，加入组件调用以下方法：

```
add(标识字符串, 组件名);
```

设置一个容器为 CardLayout 布局策略，调用以下方法：

```
setLayout(new CardLayout ());
```

下面通过一个例子来具体介绍 CardLayout 布局的使用。

【例 6.18】

TestCardLayout.java:

```
1   import java.awt.BorderLayout;
2   import java.awt.CardLayout;
3   import java.awt.Color;
4   import java.awt.FlowLayout;
5   import java.awt.event.ActionEvent;
6   import java.awt.event.ActionListener;
7
8   import javax.swing.JButton;
9   import javax.swing.JFrame;
10  import javax.swing.JLabel;
11  import javax.swing.JPanel;
12
13  public class TestCardLayout {
14      CardLayout cardLayout = new CardLayout();
15      JPanel cardPanel = new JPanel(cardLayout);
16      JPanel pan1 = new JPanel();
17      JPanel pan2 = new JPanel();
18      JPanel pan3 = new JPanel();
19      JLabel lab1 = new JLabel("第一张卡片");
20      JLabel lab2 = new JLabel("第二张卡片");
21      JLabel lab3 = new JLabel("第三张卡片");
22      JButton btnUp = new JButton("上翻");
23      JButton btnDown = new JButton("下翻");
24      JPanel btnPanel = new JPanel(new FlowLayout());
25
26      public TestCardLayout()
27      {
28          pan1.setBackground(Color.RED);
29          pan2.setBackground(Color.GREEN);
30          pan3.setBackground(Color.BLUE);
31          pan1.add(lab1);
32          pan2.add(lab2);
```

```
33            pan3.add(lab3);
34            cardPanel.add(pan1, "卡片一");
35            cardPanel.add(pan2, "卡片二");
36            cardPanel.add(pan3, "卡片三");
37            btnPanel.add(btnUp);
38            btnPanel.add(btnDown);
39
40            btnUp.addActionListener(new ActionListener()
41                    {
42                        public void actionPerformed(ActionEvent e)
43                        {
44                            cardLayout.previous(cardPanel);
45                        }
46                    });
47            btnDown.addActionListener(new ActionListener()
48                    {
49                        public void actionPerformed(ActionEvent e)
50                        {
51                            cardLayout.next(cardPanel);
52                        }
53                    });
54        }
55        public static void main (String [] args)
56        {
57            JFrame frame = new JFrame("测试 CardLayout");
58            TestCardLayout test = new TestCardLayout();
59            frame.setLocation(200, 200);
60            frame.setSize(300, 300);
61            frame.getContentPane().add(test.cardPanel, BorderLayout.CENTER);
62            frame.getContentPane().add(test.btnPanel, BorderLayout.SOUTH);
63            frame.setVisible(true);
64        }
65    }
```

程序运行结果如图 6-25 所示。

图 6-25　CardLayout 卡片布局使用示例

在上面的程序中，第 15 行设定 cardPanel 的布局为 CardLayout 卡片式布局。在第 34～36 行，将 3 个 panel 加入到 cardPanel 中，3 个卡片的背景颜色各不相同来区分。在第 40～51 行为“上翻”和“下翻”按钮添加事件处理程序。

5. null 布局

除了设置系统预定义的布局，容器还有可以设置为 null 布局，表示空布局。这时需要手工编写代码告知组件容器中放置位置的大小，否则组件无法显示。因此 null 布局又称为“手工布局”。

设置组件的位置和大小的常用方法有：

```
void setBounds(int x, int y, int width, int height);    //设置或调整组件的位置和大小
void setLocation(int x, int y);                         //设置组件的位置
void setSize(int width, int height);                    //设置组件的大小
```

下面是一个演示 null 空布局使用的例子。

【例 6.19】

TestNullLayout.java:

```
1  import javax.swing.JButton;
2  import javax.swing.JFrame;
3  import javax.swing.JLabel;
4  public class TestNullLayout {
5
6      public static void main (String [] args)
7      {
8          JButton button = new JButton("测试按钮");
9          JLabel label = new JLabel("测试标签");
10         JFrame frame = new JFrame("Test NullLayout");
11         frame.getContentPane().setLayout(null);
12         frame.getContentPane().add(button);
13         frame.getContentPane().add(label);
14         button.setBounds(50, 100, 100, 40);
15         label.setBounds(100, 150, 100, 40);
16
17         frame.setBounds(200, 200, 300, 300);
18         frame.setDefaultCloseOperation(JFrame.EXIT_ON_CLOSE);
19         frame.setVisible(true);
20     }
21 }
```

程序运行结果如图 6-26 所示。

在上面的程序中，第 10 行设定 frame 的布局为 null 布局（frame 的默认布局为 BorderLayout 边框布局），在第 12～13 行将测试按钮和标签加入到 frame 中，在第 14～15 行，通过 setBounds()函数来设定测试按钮和标签的位置和大小。

图 6-26　空布局示例

6.2.5　事件处理机制

图形界面的处理离不开事件（event），通过事件驱动方式进行人机互动的交流。常用的事件是鼠标事件（MouseEvent）和键盘事件（KeyEvent），如用鼠标单击或双击按钮、敲击键盘上的按键等。

在 Java 语言中，触发按钮、菜单功能的，除了鼠标事件和键盘事件外，更多的是使用动作事件 ActionEvent，这是比鼠标和键盘事件更加高级的事件。

1. 事件处理的模型

在 Java 中，当单击了某个按钮，或组件的状态发生了某种变化，或按下了某个按键等，都被认为是产生了某个事件。导致事件产生的组件称为事件源。例如，当单击了某个按钮后，就产生了一个事件，这个按钮就是这个事件的事件源。所谓事件处理，从逻辑的角度看，就是要定义当某个事件产生后，程序执行什么动作。从事件处理的机制看，设计事件处理要解决的问题主要有如何识别事件源、如何识别事件、如何监听事件（由于事件的产生是随机的，需要事件监听机制），以及如何定义事件服务程序，即当监听到某个事件源的某个事件产生后，程序所执行的动作。可以认为，事件源、事件、事件监听和事件服务程序是事件处理的 4 个要素。所谓事件处理，就是要建立事件源、事件、事件监听和事件服务程序 4 要素之间的对应关系。

Java 为程序设计者提供了高效的图形界面设计（包括事件处理）的平台。涉及事件处理的许多实现细节问题都由 Java 平台承担了，程序设计者在设计事件处理时，只需交代清楚事件源、事件监听器和事件服务程序。Java 的事件处理过程如图 6-27 所示。

在编写 Java 事件处理程序时，需要导入 awt 事件处理包，即：

```
import java.awt.event.*;
```

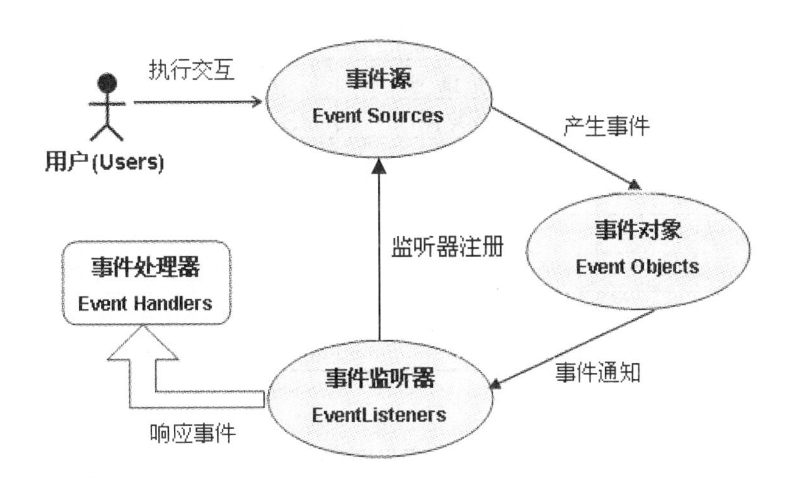

图 6-27　Java 事件处理过程

2. 事件类

在 Java 中，根据事件的不同特征，将事件分为低级事件（low-level event）和语义事件（semantic event）。Java 的事件类的层次关系如图 6-28 所示。

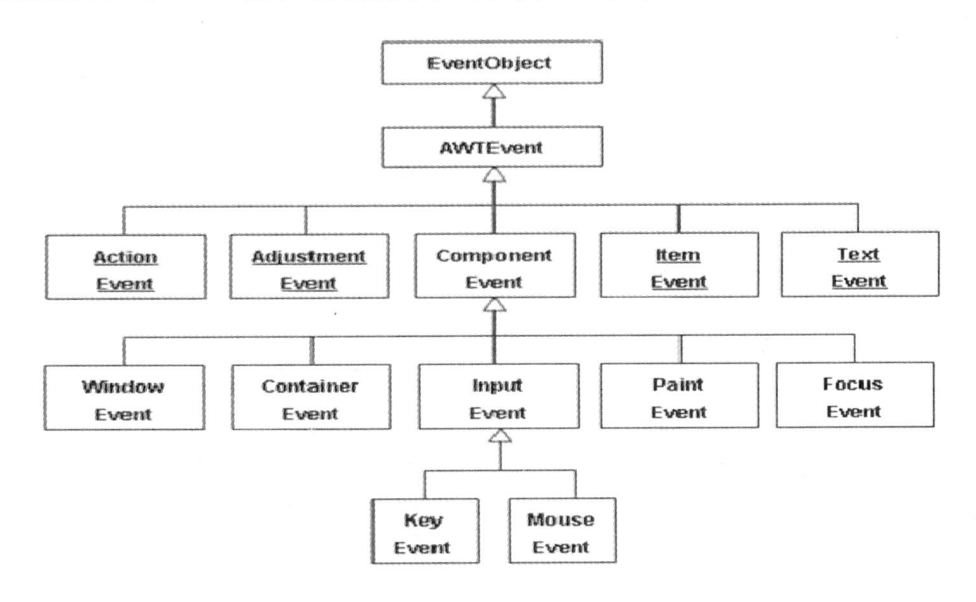

图 6-28　Java 的事件类的层次关系

从图 6-28 中可以看出语义事件直接继承自 AWTEvent，如 ActionEvent、AdjustmentEvent 与 ComponentEvent 等。底层事件则是继承自 ComponentEvent 类，如 ContainerEvent、FocusEvent、WindowEvent 与 KeyEvent 等。Java 中低级事件和语义事件的列表分别如表 6-1 和表 6-2 所示。

表 6-1　低级事件列表

事 件 名 称	事 件 说 明	事件的触发
ComponentEvent	组件事件	缩放、移动或显示组件
InputEvent	输入事件	操作键盘或鼠标
KeyEvent	键盘事件	键盘被按下或释放
MouseEvent	鼠标事件	鼠标移动、拖动或鼠标被按下、释放或单击
FocusEvent	焦点事件	组件得到或失去焦点
ContainerEvent	容器事件	容器内组件添加或删除
WindowEvent	窗口事件	窗口被激活、关闭、图表化或恢复

表 6-2　语义事件列表

事 件 名 称	事 件 说 明	事件源组件	事件的触发
ActionEvent	行为事件	Button TextField ComboBox Timer	单击按钮，选择菜单项、列表框、定时器设定时间，文本输入区域内输入回车等操作
ItemEvent	选项事件	CheckBox RadioButton Choice List	选项列表中某项被选择或取消选择
TextEvent	文本事件	TextField TextArea	输入、改变文本内容
AdjustEvent	调整事件	ScrollBar	调整滚动条

表 6-3 所示为常用的事件监听接口类及其定义的抽象方法。

表 6-3　常用的事件监听接口类及其定义的抽象方法列表

事 件 类	监听器接口	监听器接口定义的抽象方法（事件处理器）
ActionEvent	ActionListener	actionPerformed(ActionEvent e)
AdjustmentEvent	AdjustmentListener	adjustmentValueChanged(AdjustmentEvent e)
ItemEvent	ItemListener	itemStateChanged(ItemEvent e)
KeyEvent	KeyListener	keyTyped(KeyEvent e) keyPressed(KeyEvent e) keyReleased(KeyEvent e)
MouseEvent	MouseListener MouseMotionListener	mouseClicked(MouseEvent e) mouseEntered(MouseEvent e) mouseExited(MouseEvent e) mousePressed(MouseEvent e) mouseReleased(MouseEvent e) mouseDragged(MouseEvent e) mouseMoved(MouseEvent e)

续表

事　件　类	监听器接口	监听器接口定义的抽象方法（事件处理器）
TextEvent	TextListener	textValueChanged(TextEvent e)
WindowEvent	WindowListener	windowActivated(WindowEvent e) windowClosed(WindowEvent e) windowClosing(WindowEvent e) windowDeactivated(WindowEvent e) windowDeiconified(WindowEvent e) windowIconified(WindowEvent e) windowOpened(WindowEvent e)

3. 鼠标事件处理

因为鼠标事件也是一种事件，所以对鼠标事件进行处理要遵循上面介绍的事件处理模型。鼠标事件的处理也是建立在事件源的基础之上，以事件对象记录事件本身，最后通过事件监听器进行处理。

类 java.awt.event.MouseEvent 包装常用的鼠标事件，例如，按下鼠标键和放开鼠标键等。类 MouseEvent 的实例对象记录了鼠标的当前位置和状态发生变化的鼠标键（如按下左键或右键）等。可以通过类 MouseEvent 的以下两个方法获取鼠标的当前位置。

```
int getX();
int getY();
```

对鼠标事件进行处理最关键的是实现事件监听器接口。这些相关接口包括 MouseListener、MouseMotionListener、MouseWheelListener 和 MouseInputListener。前面 3 个是包 java.awt.event 中的接口，最后一个接口 MouseInputListener 来自包 javax.swing.event。

接口 java.awt.event.MouseListener 主要用来处理按下鼠标键、放开鼠标键、单击鼠标键、鼠标进入组件内和鼠标离开组件区域等事件，具体声明如下。

```
public interface MouseListener extends EventListener
{
    public void mouseClicked(MouseEvent e);     //处理单击鼠标的事件（按下并放开鼠标）
    public void mouseEntered(MouseEvent e);     //处理鼠标进入组件内的事件
    public void mouseExited(MouseEvent e);      //处理鼠标离开组件所在的区域的事件
    public void mousePressed(MouseEvent e);     //处理按下鼠标的事件
    public void mouseReleased(MouseEvent e);    //处理放开鼠标的事件
}
```

接口 java.awt.event.MouseMotionListener 主要用来处理鼠标运动事件，即移动鼠标和拖动鼠标，具体声明如下。

```
public interface MouseMotionListener extends EventListener
{
```

```
    public void mouseDragged(MouseEvent e);//处理拖动鼠标的事件（移动时，
    按下鼠标键）
    public void mouseMoved(MouseEvent e);   //处理移动鼠标的事件
}
```

接口 java.awt.event.MouseWheelListener 主要用来处理鼠标滚轮的运动事件。具体声明如下。

```
public interface MouseWheelListener extends EventListener
{
    public void mouseWheelMoved(MouseWheelEvent e); //处理滚动鼠标滚轮的事件
}
```

接口 javax.swing.event.MouseInputListener 综合了 MouseListener 和 MouseMotionListener，即 MouseInputListener 包含了 MouseListener 和 MouseMotionListener 的所有成员方法。对鼠标事件进行处理，就是要设计类，实现上面的鼠标事件监听器接口，然后在事件源中注册处理鼠标事件监听器的对象，以便对鼠标事件进行处理。

下面通过一个具体实例演示鼠标事件的使用。

【例 6.20】

TestMouse.java:

```
1   import java.awt.*;
2   import java.awt.event.*;
3   import javax.swing.*;
4
5   public class TestMouse extends JFrame{
6       JLabel label1 = new JLabel();
7       JLabel label2 = new JLabel();
8       JPanel panel = new JPanel();
9
10       public TestMouse(String title) {
11         super(title);
12             panel = new JPanel(new FlowLayout());
13             panel.add(label2);
14             panel.add(label1);
15             this.add(panel, BorderLayout.SOUTH);
16             addMouseListener(new MouseListener() {
17                 public void mouseClicked(MouseEvent e){label1.setText("鼠标单击");}
18                 public void mouseEntered(MouseEvent e){}
19                 public void mouseExited(MouseEvent e) {}
20                 public void mousePressed(MouseEvent e){label1.setText("鼠标按下");}
21                 public void mouseReleased(MouseEvent e){label1.setText("鼠标松开");}
22             });
23             addMouseMotionListener(new MouseMotionListener() {
24                 public void mouseDragged(MouseEvent e){}
25                 public void mouseMoved(MouseEvent e) {
26                     label2.setText("(" + e.getX() +", " + e.getY() + ")");
27                 }
```

```
28                });
29
30          }
31          public static void main (String [] args) {
32                TestMouse frame = new TestMouse("测试 MouseEvent");
33                frame.setLocation(200, 200);
34                frame.setSize(300, 300);
35                frame.setDefaultCloseOperation(JFrame.EXIT_ON_CLOSE);
36                frame.setVisible(true);
37          }
38    }
```

上面的程序中，在第 6~8 行定义了两个 label 和一个 panel。在第 16～22 行为窗口添加 MouseListener 接口的处理事件，在其中实现了 mouseClicked()、mousePressd() 和 mouseReleased()方法。在第 23~28 行，为窗口添加了 MouseMoveListener 接口处理事件，并实现了 mouseMoved()方法。程序运行结果如图 6-29 所示。

图 6-29　鼠标事件使用示例

4. 键盘事件处理

键盘事件也是常见的一种事件。对键盘事件进行处理也是通过前面介绍的事件处理模型。键盘事件处理模型由 3 部分组成：事件源、键盘事件对象和键盘事件监听器。事件源就是接收键盘事件的组件。键盘事件对象一般由类 KeyEvent 包装，记录从键盘上输入的字符等信息。在键盘事件处理程序中最重要的是完成键盘事件监听器，对键盘事件进行处理。

要实现键盘事件监听器，就是要实现键盘事件监听器接口。常用的键盘事件监听器有 java.awt.event.FocusListener 和 java.awt.event.KeyListener。接口 FocusListener 主要用来处理获取或失去键盘焦点的事件。获得键盘焦点就意味着从键盘上输入字符可以被本事件处理模型中的事件源捕捉到。失去键盘焦点就意味着当前事件源不会接收到键盘的输入。接口 FocusListener 的声明如下。

```
public interface FocusListener extends EventListener
```

```
{
    public void focusGained(FocusEvent e);
    public void focusLost(FocusEvent e);
}
```

接口 KeyListener 主要用来处理键盘的输入，如按下键盘上的某个键，放开某个键，或输入某个字符。具体声明如下。

```
public interface KeyListener extends EventListener
{
    public void keyTyped(KeyEvent e);
    public void keyPressed(KeyEvent e);
    public void keyReleased(KeyEvent e);
}
```

下面通过一个实例演示键盘事件的使用。

【例 6.21】

TestKeyBoard.java:

```
1  import java.awt.*;
2  import java.awt.event.*;
3  import javax.swing.*;
4
5  public class TestKeyBoard extends JFrame{
6       JLabel label = new JLabel();
7       public TestKeyBoard(String title) {
8          super(title);
9            this.add(label);
10           label.setBounds(100, 50, 150, 100);
11           addKeyListener(new KeyListener() {
12                public void keyTyped(KeyEvent e){}
13                public void keyPressed(KeyEvent e){
14                     char c[] = {'0'};
15                     c[0] = e.getKeyChar();
16                     String str = new String(c, 0, 1);
17                     label.setText("(" + str + ")" + " Key Pressed");
18                }
19                public void keyReleased(KeyEvent e){
20                     char c[] = {'0'};
21                     c[0] = e.getKeyChar();
22                     String str = new String(c, 0, 1);
23                     label.setText("(" + str + ")" + " Key Released");
24                }
25           });
26       }
27       public static void main (String [] args) {
28            TestKeyBoard frame   = new TestKeyBoard("测试 KeyEvent");
29            frame.setLocation(200, 200);
30            frame.setSize(300, 300);
```

```
31              frame.getContentPane().setLayout(null);
32              frame.setDefaultCloseOperation(JFrame.EXIT_ON_CLOSE);
33              frame.setVisible(true);
34          }
35  }
```

在上面的程序中，在第 11 行添加 KeyListener 接口事件，在第 13～18 行实现了 KeyPressed()函数，在第 19～24 行实现了 KeyReleased()函数。程序运行结果如图 6-30 所示。

图 6-30　键盘事件使用示例

5. 事件适配器

通过前面的事件处理可以发现，如果要注册监听接口，则必须实现接口的所有方法，用不到的方法也必须写成空方法。如果一个接口中的方法较多，而且可以只使用其中的一个，那么写代码就显得有些麻烦。为了解决这个问题，Java 引入了事件适配器的概念。

事件适配器其实就是一个接口的实现类。实际上适配器类只是将监听接口中的方法全部写成了空的方法。需要使用事件监听器的类只需要继承该类，并重写所需要的方法，而不必覆盖所有的方法。常用的事件适配器类有以下几种：

```
MouseAdapter              //鼠标事件适配器
WindowAdapter             //窗口事件适配器
KeyAdapter                //键盘事件适配器
FocusAdapter              //焦点适配器
MouseMotionAdapter        //鼠标移动事件适配器
ComponentAdapter          //组件源事件适配器
ContanerAdapter           //容器源事件适配器
```

下面将前面测试鼠标事件的程序进行修改，只监听鼠标单击的事件，而不管其他的事件，代码如下。

【例 6.22】

TestAdapter.java:

```
1   import java.awt.*;
2   import java.awt.event.*;
```

```
3  import javax.swing.*;
4
5  public class TestAdapter extends JFrame{
6        JLabel label = new JLabel();
7        JPanel panel = new JPanel();
8
9        public TestAdapter(String title) {
10          super(title);
11              panel = new JPanel(new FlowLayout());
12              panel.add(label);
13              this.add(panel, BorderLayout.SOUTH);
14              addMouseListener(new MouseHandler());
15              this.setDefaultCloseOperation(JFrame.EXIT_ON_CLOSE);
16              this.setVisible(true);
17              this.setBounds(100, 100, 200, 200);
18          }
19          class MouseHandler extends MouseAdapter {
20              public void mousePressed(MouseEvent e) {
21                    label.setText("鼠标按下");
22              }
23              public void mouseReleased(MouseEvent e){
24                    label.setText("鼠标松开");
25              }
26          }
27          public static void main (String [] args) {
28              new TestAdapter("TestAdapter");
29          }
30  }
```

程序运行结果如图 6-31 所示。

图 6-31　利用适配器监听鼠标事件

6.2.6　菜单

菜单是非常重要的 GUI 组件，其界面提供的信息简明清晰，在用户界面中经常使用。Java 的菜单组件是由多个类组成的，主要有 JMenuBar（菜单栏）、JMenu（菜单）、JMenuItem（菜单项）和 JPopupMenu（弹出式菜单）。

每个菜单组件都包含一个菜单栏，每个菜单栏包含若干个菜单，每个菜单又包含若干个菜单项。菜单项的作用与按钮类似，当用户单击时产生一个命令动作。

Java 中的菜单分为两类：一类是下拉式菜单，通常所说的菜单就是这一类；另一类就是弹出式菜单。下面就来介绍菜单的创建和使用方法。

1. 下拉式菜单

（1）创建菜单栏

在使用下拉式菜单时，需要先创建一个菜单栏，然后再创建菜单项并将其加入到菜单栏中。菜单栏组件是一个水平菜单。它只能加入到一个框架中，并成为所有菜单树的根。在一个时刻，一个框架可以显示一个菜单栏。然而，也可以根据程序的状态修改菜单栏，这样，在不同的时刻就可以显示不同的菜单。例如：

```
JFrame frame = new JFrame("TestMenu");          //创建框架
JMenuBar menuBar = new JMenuBar();              //创建菜单栏
frame.setJMenuBar(menu);                        //设置 menuBar 为框架 frame 的菜单栏
```

菜单栏不支持监听者。作为普通菜单行为的一部分，在菜单栏的区域中发生的事件和普通组件一样会被自动处理。

（2）创建菜单并添加到菜单栏中

菜单提供了一个基本的下拉式菜单，它可以加入到一个菜单栏或者另一个菜单中。例如（接上例）：

```
JMenu fileMenu = new JMenu("File");
JMenu editMenu = new JMenu("Edit");
JMenu helpMenu = new JMenu("Help");
menuBar.add(fileMenu);
menuBar.add(editMenu);
menuBar.add(helpMenu);
```

（3）创建菜单项并加入到菜单中

菜单项是菜单树的“叶”节点。它们通常被加入到菜单中，以构成一个完整的菜单，例如（接上例）：

```
JMenuItem newItem = new JMenuItem("New");
JMenuItem loadItem = new JMenuItem("Load");
JMenuItem saveItem = new JMenuItem("Save");
JMenuItem quitItem = new JMenuItem("Quit");
fileMenu.add(newItem);
fileMenu.add(loadItem);
fileMenu.add(saveItem);
fileMenu.add(quitItem);
```

2. 弹出式菜单

弹出式菜单附着在某一个组件或容器上，一般是不可见的，只有当用户用鼠标右键单击附着有弹出式菜单的组件时，这个菜单才显示，所以弹出式菜单也常常称为右键菜单。

弹出式菜单不需要菜单栏，但需要创建弹出式菜单（JPopupMenu）实例对象。

```
JPopupMenu popMenu = new JPopupMenu();
```

然后就可以依次将各种下拉式菜单和菜单项实例对象加入到弹出式菜单实例对象中。当需要出现弹出式菜单时，只需要调用类 JPopupMenu 的成员方法。

```
public void show(Component invoker, int x, int y);
```

其中，参数 invoker 一般就是需要弹出菜单的组件；参数 x 和 y 组成坐标值（x, y），用来指定弹出式菜单显示的位置。

一般是由单击鼠标事件触发而引起弹出式菜单的调用，所以需要利用弹出式菜单的组件处理鼠标事件，即注册并实现鼠标事件监听器。然后，在鼠标事件监听器类的成员方法 mousePressed()和 mouseReleased()中调用前面 JPopupMenu 的成员方法 show()来实现菜单的弹出。弹出式菜单在不同操作系统中的触发风格不完全一样。为了适应不同操作系统的风格，程序中要求在调用 JPopupMenu 的成员方法 show()之前必须调用鼠标事件类 MouseEvent 的成员方法 isPopupTrigger()进行判断，而且在 mousePressed()和 mouseReleased()方法中都必须调用。

下面是一个演示 JMenuBar 菜单栏和 JPopMenu 弹出式菜单用法的例子。

【例 6.23】

TestMenu.java:

```
1   import java.awt.*;
2   import java.awt.event.*;
3   import javax.swing.*;
4   public class TestMenu {
5       JFrame frame;
6       JMenuBar menuBar;
7       JPopupMenu popMenu;
8       JCheckBoxMenuItem checkMenuItem;
9       JRadioButtonMenuItem radioMenuItem;
10      MenuListener menuListener = new MenuListener();
11      public TestMenu() {
12          frame = new JFrame("测试 MenuEvent");
13          menuBar = new JMenuBar();
14          JMenu fileMenu = new JMenu("File");
15          JMenu editMenu = new JMenu("Edit");
16          JMenu helpMenu = new JMenu("Help");
17          popMenu = new JPopupMenu();
18          JMenuItem menuItem1 = new JMenuItem("PopMenu1...");
19          JMenuItem menuItem2 = new JMenuItem("PopMenu2...");
20          menuBar.add(fileMenu);
21          menuBar.add(editMenu);
22          menuBar.add(helpMenu);
23          popMenu.add(menuItem1);
24          popMenu.add(menuItem2);
```

```
25
26          JMenuItem newItem = new JMenuItem("New");
27          JMenuItem loadItem = new JMenuItem("Load");
28          JMenuItem saveItem = new JMenuItem("Save");
29          JMenuItem quitItem = new JMenuItem("Quit");
30          checkMenuItem = new JCheckBoxMenuItem("Check", true);
31          radioMenuItem = new JRadioButtonMenuItem("Radio", true);
32          fileMenu.add(newItem);
33          fileMenu.add(loadItem);
34          fileMenu.add(saveItem);
35          fileMenu.add(quitItem);
36          fileMenu.addSeparator();
37          fileMenu.add(checkMenuItem);
38          fileMenu.add(radioMenuItem);
39
40          newItem.addActionListener(menuListener);
41          loadItem.addActionListener(menuListener);
42          saveItem.addActionListener(menuListener);
43          quitItem.addActionListener(menuListener);
44          checkMenuItem.addItemListener(new ItemListener() {
45              public void itemStateChanged(ItemEvent e){
46                  String state = "";
47                  if (e.getStateChange() == 2) state = "未选中";
48                  else state = "选中";
49                  frame.setTitle("测试 Menu,你选择了菜单 Check:" +state);
50              }
51          });
52          radioMenuItem.addItemListener(new ItemListener()
53          {
54              public void itemStateChanged(ItemEvent e){
55                  String state = "";
56                  if (e.getStateChange() == 2) state = "未选中";
57                  else state = "选中";
58                  frame.setTitle("测试 Menu,你选择了菜单 Radio:" +state);
59              }
60          });
61          frame.addMouseListener(new MouseListener() {
62              public void mouseClicked(MouseEvent e){}
63              public void mouseEntered(MouseEvent e){}
64              public void mouseExited(MouseEvent e) {}
65              public void mousePressed(MouseEvent e){
66                  if (e.isPopupTrigger())
67                      popMenu.show(e.getComponent(), e.getX(), e.getY());
68              }
69              public void mouseReleased(MouseEvent e){
70                  mousePressed(e);
71              }
72          });
73
74          frame.getContentPane().setLayout(new FlowLayout());
75          frame.setJMenuBar(menuBar);
76          frame.setBounds(200, 200, 300, 300);
```

```
77              frame.setVisible(true);
78
79          }
80
81          class MenuListener implements ActionListener {
82              public void actionPerformed(ActionEvent e) {
83                  if (e.getActionCommand().equals("Quit"))
84                      System.exit(0);
85                  else
86                      frame.setTitle("你选择了菜单:" + e.getActionCommand ());
87              }
88          }
89          public static void main (String [] args) {
90              TestMenu test = new TestMenu();
91          }
92  }
```

程序运行结果如图 6-32 和图 6-33 所示。

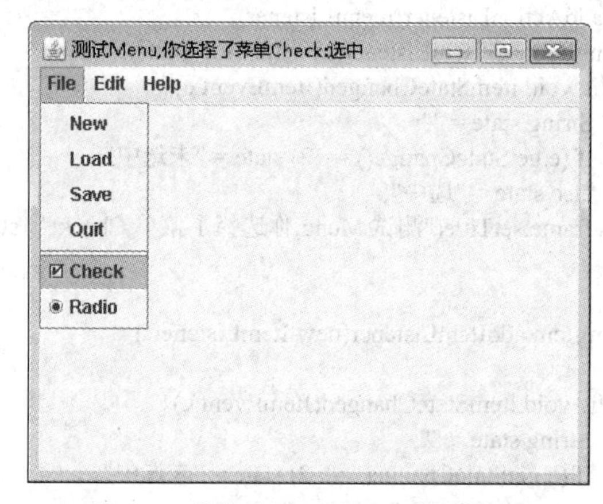

图 6-32　菜单使用示例——选择菜单项

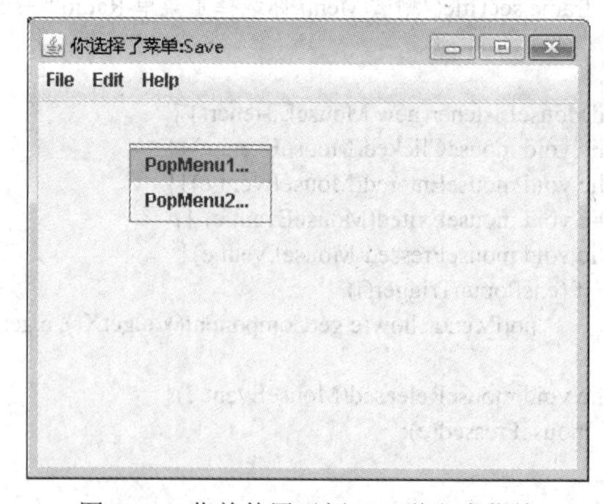

图 6-33　菜单使用示例——弹出式菜单

在上面的程序中，第 6 行和第 7 行分别定义了一个 MenuBar 和一个 PopupMenu。在第 14～16 行分别定义了 3 个 Menu(File、Edit 和 Help)。在第 26～29 行定义了 4 个 MenuItem

（New、Load、Save 和 Quit），后面将这 4 个 MenuItem 都加入到 fileMenu 中。在第 81 行定义了一个类用来处理上面的菜单事件。在第 61 行为 frame 添加鼠标监听器，用来处理弹出式菜单。除此之外，还在第 8 行和第 9 行定义了一个 CheckBoxMenuItem 和一个 RadioButtonMenuItem。在第 44～51 行和第 52～60 行分别为这两个菜单添加处理的事件程序。

6.3 任务实现

将前面的员工信息的输入图形化。利用 JTextField 来接收输入，用 JComboxBox 来选择员工的类型，最后利用 JTable 来显示已经添加的员工信息。参考代码如下。

TestEmployee.java:

```
1   import java.awt.*;
2   import java.awt.event.*;
3   import java.util.Vector;
4   import javax.swing.*;
5   import javax.swing.table.AbstractTableModel;
6
7   public class TestEmployee extends JFrame{
8       JLabel idLabel = new JLabel("ID:");
9       JLabel nameLabel = new JLabel("姓名:");
10       JLabel typeLabel = new JLabel("类型:");
11       JLabel salaryLabel = new JLabel("月薪:");
12       JButton addBtn = new JButton("添加", new ImageIcon ("image/add_1.png"));
13       JTextField idField = new JTextField(8);
14       JTextField nameField = new JTextField(8);
15       JTextField salaryField = new JTextField(8);
16       JComboBox typeBox = new JComboBox();
17       final SalaryTableModel tableData = new SalaryTableModel();
18       JTable table = new JTable(tableData);
19       JScrollPane scrollPane = new JScrollPane(table);
20       JPanel panel = new JPanel();
21
22       public TestEmployee() {
23         super("员工信息管理");
24           this.setLayout(null);
25           typeBox.addItem("合同制");
26           typeBox.addItem("临时");
27           panel.setLayout(new FlowLayout());
28           panel.add(idLabel);
29           panel.add(idField);
30           panel.add(nameLabel);
31           panel.add(nameField);
32           panel.add(typeLabel);
33           panel.add(typeBox);
34           panel.add(salaryLabel);
35           panel.add(salaryField);
```

```
36              panel.add(addBtn);
37              panel.setBounds(10, 10, 640, 40);
38              scrollPane.setBounds(30, 65, 580, 200);
39              addBtn.addActionListener(new AddButtonListener());
40              typeBox.addItemListener(new ItemListener() {
41                  public void itemStateChanged(ItemEvent e) {
42                      if (e.getStateChange() == ItemEvent.SELECTED) {
43                          JComboBox jcb = (JComboBox)e.getSource();
44                          String selectedItem = jcb.getSelectedItem(). toString();
45                          if (selectedItem.equals("合同制"))
46                              salaryLabel.setText("月薪:");
47                          else
48                              salaryLabel.setText("日薪:");
49                      }
50                  }
51              });
52              this.add(panel);
53              this.add(scrollPane);
54              this.setBounds(100, 100, 650, 350);
55              this.setVisible(true);
56              this.setDefaultCloseOperation(JFrame.EXIT_ON_CLOSE);
57          }
58
59          class AddButtonListener implements ActionListener
60          {
61            public void actionPerformed(ActionEvent arg0) {
62                  String id = idField.getText();
63                  String name = nameField.getText();
64                  String type = typeBox.getSelectedItem().toString();
65                  String salary = salaryField.getText();
66                  if (id.equals("") || name.equals("") || salary.equals("")) {
67                      JOptionPane.showMessageDialog(TestEmployee.this, "请输入完整信息",
68                              "提示",JOptionPane.ERROR_MESSAGE);
69                      return;
70                  }
71                  tableData.addData(id, name, type, salary);
72                  idField.setText("");
73                  nameField.setText("");
74                  salaryField.setText("");
75              }
76          }
77
78          public static void main (String[] args) {
79              new TestEmployee();
80          }
81      }
82
83      class SalaryTableModel extends AbstractTableModel
84      {
85          private Vector<Employee> employeeData = new Vector<Employee>();
86          private String[] columnName = {"ID", "姓名", "类型", "薪水"};
```

```
87        public int getRowCount() {
88            return employeeData.size();
89        }
90        public int getColumnCount() {
91            return 4;
92        }
93        public Object getValueAt(int row, int col) {
94            if (col == 0) return employeeData.elementAt(row).getId();
95            else if (col == 1) return employeeData.elementAt(row).getName();
96            else if (col == 2) {
97                if (employeeData.elementAt(row) instanceof ContractEmployee)
98                    return "合同制";
99                else
100                    return "临时";
101            }
102            else return employeeData.elementAt(row).getSalary();
103        }
104        public String getColumnName(int col) {
105            return columnName[col];
106        }
107        public void addData(String id, String name,String type, String salary) {
108            Employee employee;
109            if (type.equals("合同制")) {
110                employee = new ContractEmployee(id, name, Double. parseDouble(salary), false);
111            }
112            else {
113                employee = new TempEmployee(id, name, Double. parseDouble(salary));
114            }
115            employeeData.addElement(employee);
116            fireTableDataChanged();
117        }
118    }
```

Employee.java:

```
1  public abstract class Employee {
2      String id;
3      String name;
4  
5      public Employee(String id, String name) {
6          this.id = id;
7          this.name = name;
8      }
9      public String getId(){
10         return id;
11     }
12     public String getName() {
13         return name;
14     }
15     public abstract double getSalary();
16 }
```

TempEmployee.java:

```
1   public class TempEmployee extends Employee{
2       double salaryPerDay;
3       public TempEmployee(String id, String name, double salary) {
4           super(id, name);
5           this.salaryPerDay = salary;
6       }
7     public double getSalary() {
8           return salaryPerDay;
9     }
10  }
```

ContractEmployee.java:

```
1   public class ContractEmployee extends Employee{
2       double salaryPerMonth;
3       boolean hasBonus;
4       final double BONUS_RATE = 0.10;
5       public ContractEmployee(String id, String name, double salary, boolean hasBonus) {
6           super(id, name);
7           this.salaryPerMonth = salary;
8           this.hasBonus = hasBonus;
9       }
10       public double getSalary() {
11           if (hasBonus)
12               return salaryPerMonth * (1 + BONUS_RATE);
13           else
14               return salaryPerMonth;
15       }
16  }
```

程序运行结果如图 6-34 所示。

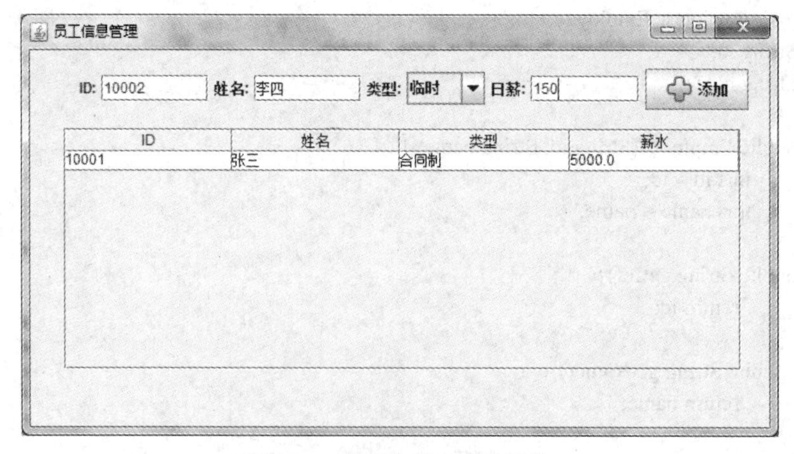

图 6-34　图形化员工信息系统

第7章 基于文件的员工信息读取和保存

知识点、技能点

- Java 文件的基本操作（创建、删除等）
- Java 输入/输出流

学习要求

- 掌握和了解 Java 进行文件操作的方法
- 掌握字节流和字符流的使用及它们之间的区别

教学基础要求

- 掌握 Java 读入和写入文件的方法

7.1 任务预览

前面的程序中，利用图形界面输入员工的信息并关闭程序后，员工的信息就会全部丢失。我们希望能够在输入之后将员工的信息以文件的形式保存起来，并且在下次运行程序时能够将上次保存的数据载入到表格中。效果如图 7-1 所示。

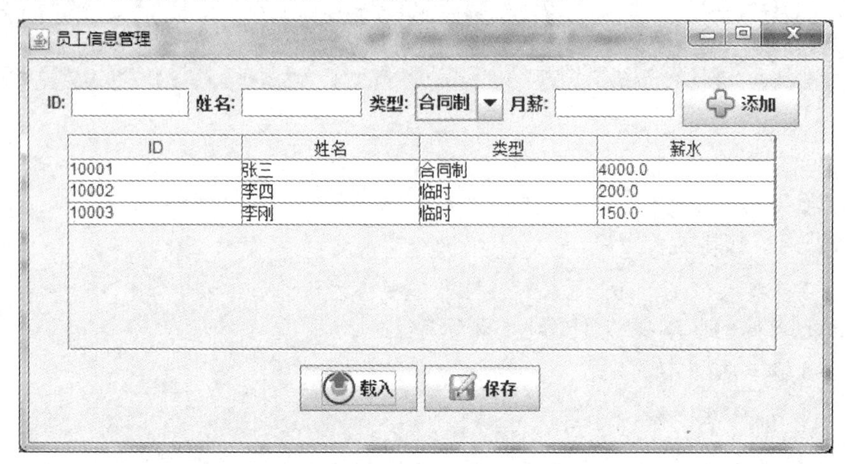

图 7-1　添加“载入”和“保存”后的程序效果

7.2 相关知识

7.2.1 文件的读写和管理

1. Java 中文件的创建

文件的全名是由目录和文件名组成的。例如，c:\Program\Files\Java\jdk1.6.0_10\bin\java.exe 表示的是 c:\Program Files\Java\jdk1.6.0_10\bin 目录下文件名为 java.exe 的文件。

Java 能正确处理 UNIX 和 Windows/DOS 约定的路径分隔符。如果在 Windows 版本的 Java 下用斜线（/），路径处理依然正确。记住，如果在 Windows/DOS 下使用反斜线（\）的约定，就需要在字符串内使用它的转义序列（\\）。Java 约定是用 UNIX 和 URL 风格的斜线来作路径分隔符的。

在 Java 中，目录被视作一个特殊的文件，使用 File 类来统一表示目录和文件。在 File 类中，可以调用相应的方法来判断是文件还是目录。通过调用 File 类的方法还能够完成创建、删除或重命名文件，判断文件的读写权限是否存在，设置和查询文件的最近修改时间等操作。

File 常用的构造方法有：

```
File(File parent, String child);        //通过 parent 抽象路径和 child 路径名创建一个新的 File 对象
```

```
File(String pathName);              //通过指定的路径名来创建一个 File 对象
File(String parent, String child);  //通过 parent 路径名和 child 路径名创建一个新的 File 对象
```

从上面的方法可以知道，除了使用路径名来创建 File 对象外，还可以使用“父路径+路径”的方式来创建文件对象。例如：

```
File parent = new File("C:\\Project");
File file = new File(parent, "test.txt");             //通过 parant 对象和 child 名来创建对象
File file = new File("C:\\Project\\test.txt");        //通过路径名创建对象
File file = new File("C:\\Project", "test.txt");      //通过父路径和子路径来创建对象
```

在程序中，为了保证程序的移植性，一般使用“.”来表示当前目录，使用“..”来表示上级目录。

File 类中还定义了很多访问属性的方法，常用的有：

```
public boolean canRead();              //判断文件是否可读
public boolean canWrite();             //判断文件是否可写
public boolean exists();               //判断文件是否存在
public boolean isDirectory();          //判断是否为目录
public boolean isFile();               //判断是否为文件
public boolean isHidden();             //判断是否为隐藏文件
public long length();                  //返回文件长度
public String getName();               //返回文件名
public String getPath();               //返回文件路径
public String getAbsolutePath();       //返回文件绝对路径
```

下面通过一个例子来演示文件的创建和属性的访问。

【例 7.1】

TestFile.java:

```
1   import java.io.File;
2
3   public class TestFile {
4       public static void main (String [] args)
5       {
6           File file = new File("c:\\Program Files\\Java\\jdk1.6.0_10 \\ bin\\java.exe");
7           System.out.println("文件是否存在:" + file.exists());
8           System.out.println("文件是否可读:" + file.canRead());
9           System.out.println("文件是否可写:" + file.canWrite());
10          System.out.println("是否为目录:" + file.isDirectory());
11          System.out.println("是否为文件:" + file.isFile());
12          System.out.println("文件是否隐藏:" + file.isHidden());
13          System.out.println("文件的长度:" + file.length());
14          System.out.println("文件的名字:" + file.getName());
15          System.out.println("文件的路径:" + file.getPath());
16          System.out.println("文件的绝对路径:" + file.getAbsolutePath());
17      }
18  }
```

在上面的程序中，第 6 行以路径全名 c:\\Program Files\\Java\\jdk1.6.0_10 \\bin\\java.exe 定义了一个 File 对象，然后在第 7～16 行分别访问其属性，程序运行结果如下。

```
文件是否存在:true
文件是否可读:true
文件是否可写:true
是否为目录:false
是否为文件:true
文件是否隐藏:false
文件的长度:139264
文件的名字:java.exe
文件的路径:c:\Program Files\Java\jdk1.6.0_10\bin\java.exe
文件的绝对路径:c:\Program Files\Java\jdk1.6.0_10\bin\java.exe
```

2. Java 中文件的操作

File 类中除了提供访问文件属性的方法外，还提供了许多操作文件的方法，常用的方法有以下几种。

```
public boolean createNewFile();        //不存在时建立此文件对象的空文件
public boolean delete();               //删除文件，如果是目录，则必须为空才可以删除
public boolean mkdir();                //创建此抽象路径名指定的目录
public boolean mkdirs();               //创建抽象路径名指定的目录，包括所有不存在的父目录
public String []list();                //返回此目录中所有文件和目录的名字数组
public File[] listFiles();             //返回此目录中所有文件和目录的 File 实例数组
```

下面通过一个例子演示对文件的操作。

【例 7.2】

TestFileOperate.java:

```
1   import java.io.File;
2   import java.io.IOException;
3
4   public class TestFileOperate {
5       public static void main (String [] args)
6       {
7           try {
8               File direct = new File("TestDirectory");
9               File file1 = new File(direct, "file1.txt");
10              File file2 = new File(direct, "file2.txt");
11              File file3 = new File(direct, "file3.txt");
12              System.out.println("创建目录 TestDirectory......");
13              direct.mkdir();
14              System.out.println("在 TestDirectory 中创建 3 个文件......");
15              file1.createNewFile();
16              file2.createNewFile();
17              file3.createNewFile();
18              System.out.println("检测目录 TestDirectory 是否存在:" + direct.exists());
19              System.out.println("目录 TestDirectory 中的文件有:");
```

```
20                String []file = direct.list();
21                for (int i = 0; i < file.length; i++) {
22                    System.out.println(file[i]);
23                }
24            }
25            catch (IOException e) {
26                System.out.println("文件创建失败");
27            }
28        }
29    }
```

在上面的程序中，第 8 行定义了一个 File 对象用来表示目录，在第 9～11 行定义了 3 个 File 对象来表示 3 个文件。在第 13 行利用 mkdir()创建 TestDirectory 目录，在第 15～17 行利用 createNewFile()来创建这 3 个文件。在第 20 行利用 list()来列出 TestDirectory 目录下的所有文件。最后程序运行的结果如下，从图 7-2 中可以看到在 TestDirectory 目录下已经多了 3 个文件。

```
创建目录 TestDirectory......
在 TestDirectory 中创建 3 个文件......
检测目录 TestDirectory 是否存在:true
目录 TestDirectory 中的文件有:
file1.txt
file2.txt
file3.txt
```

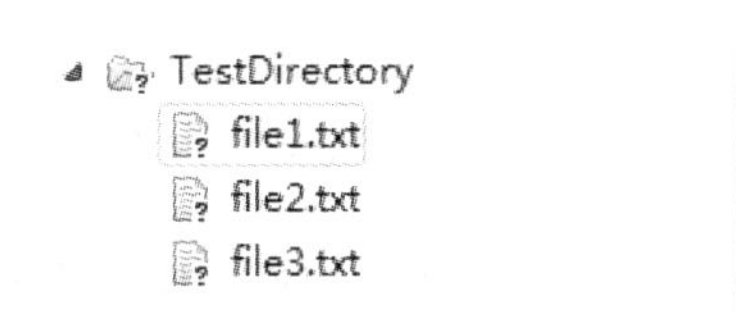

图 7-2　运行之后的文件结构图

7.2.2　Java 输入/输出流

Java 中对文件的操作是以流的方式进行的。流是 Java 内存中的一组有序的数据序列。Java 将数据从数据源（文件、内存、键盘、网络）读入到内存中，形成了流，还可以将这些流写入到其他的目的地（文件、内存、键盘、网络），之所以称为流，是因为这个数据序列在不同的时候所操作的是数据源的不同部分。

流是通过 Java 的输入/输出系统与物理设备进行连接并传输数据的。连接何种物理设备与使用的流的种类有关，比如，文件流会访问本地硬盘，而网络流则会访问网络上其他计算机的资源。Java 中有关流的类都在 java.io 包中。

Java 中定义了两种类型的输入/输出流：字节流和字符流。字节流和字符流都有自己的适用范围。一般在处理一些二进制文件时，比如音频、视频、图像等文件使用字节流比较好，在处理一些文本文档等字符文件时，使用字符流比较好。下面就分别对这两种流进行介绍。

1. 字节流

Java 文件流是专门操作数据源或者目标源是文件的流，这也是 Java 流中的最重要的一种流。它们按照传输的单位分为字节文件流和字符文件流，分别是 FileInputStream、FileOutputStream、FileReader 和 FileWriter。

字节流的抽象基类是抽象类 InputStream 和 OutputStream。InputStream 用于输入，OutputStream 用于输出。常用的字节流类的层次结构如图 7-3 所示。

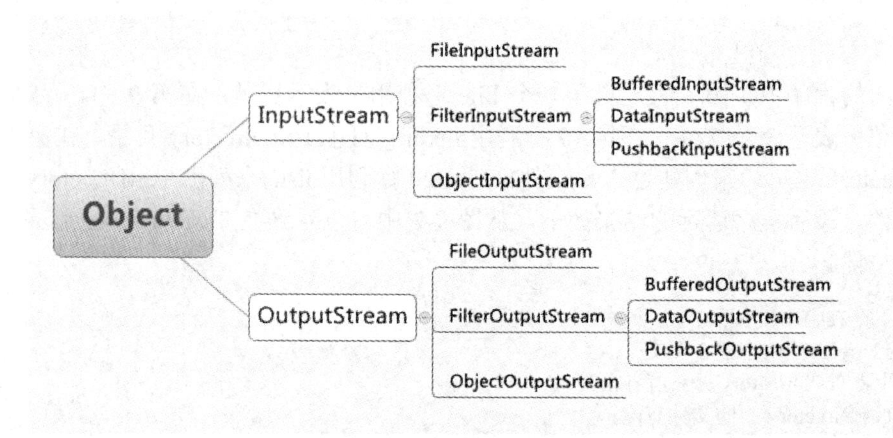

图 7-3 常用的字节流类的层次结构

抽象类 InputStream 常用的方法有：

```
void close();                          //关闭此输入流并释放与该流关联的所有系统资源
int read();                            //从输入流读取下一个数据字节
int read(byte []b);                    //从输入流读取一定的数据字节，并存在数组 b 中
int read(byte []b, int off, int len);  //将输入流中最多 len 个数据字节读入字节数组
```

抽象类 OutputStream 常用的方法有：

```
void close();                          //关闭此输出流并释放与该流关联的所有系统资源
void flush();                          //刷新此输出流并强制写出所有缓冲区的输出字节
void write(byte []b);                  //将数组 b 中的数据全部写入输出流中
abstract void write(b);                //将指定字节写入此输出流中
void write(byte []b, int off, int len); //将指定的字节数组从偏移量 off 开始的 len 个字节写入此输出流
```

（1）FileInputStream 类和 FileOutputStream 类

FileInputStream 类和 FileOutputStream 类用于从文件读取字节和向文件写入字节，比较适合于二进制文件的读写。它们的所有方法都是从 InputStream 和 OutputStream 类中继承的，没有定义自己的新方法。

FileInputStream 类的常用构造方法有：

```
FileInputStream(File file);            //通过一个打开的 File 对象来创建一个 FileInputStream
FileInputStream(String fileName);      //通过实际的文件路径来创建一个 FileInputStream
```

FileOutputStream 类的常用构造方法有：

```
FileOutputStream(File file);                //通过一个打开的 File 对象来创建一个 FileOutputStream
FileOutputStream(String fileName);          //通过实际的文件路径来创建一个 FileOutputStream
FileOutputStream(File fileHame, boolean append);
//通过一个打开的 File 对象来创建一个 FileOutputStream，append 用来表示是否把数据追加到文件末尾
FileOutputStream(String fileName, boolean append);
//通过实际的文件路径来创建一个 FileOutputStream，append 用来表示是否把数据追加到文件末尾
```

下面通过一个例子来演示 FileInputStream 类的使用。

【例 7.3】

TestFileInputStream.java:

```
1   import java.io.File;
2   import java.io.FileInputStream;
3   import java.io.FileNotFoundException;
4   import java.io.IOException;
5
6   public class TestFileInputStream {
7       public static void main (String [] args)
8       {
9           try {
10                  File file = new File("Test.txt");
11                  FileInputStream fis = new FileInputStream(file);
12                  int i = 0;
13                  while ((i = fis.read()) != -1) {
14                      System.out.println((char)i);
15                  }
16          }
17          catch(FileNotFoundException e) {
18                  System.out.println("文件不存在");
19          }
20          catch (IOException e) {
21                  System.out.println("文件读写异常");
22          }
23      }
24  }
```

Test.txt 文件内容：

```
Test 中国
```

输出结果：

```
T
e
s
t
?
?
?
ú
```

从上面的输出结果可以发现，读入英文字母后能够正常显示，但是对于中文字符，却显示为乱码，并且只有两个字的“中国”显示出来有 4 个字符，这是因为中文汉字采用两个字节进行编码，而采用字节流进行读取时一次只是读取一个字节，这样便会出现问题。这样的情况应该使用字符流，这将会在后面进行介绍。

下面是一个利用 FileOutputStream 类来演示文件复制的例子。

【例 7.4】

TestFileOutputStream.java:

```
1 import java.io.File;
2 import java.io.FileInputStream;
3 import java.io.FileNotFoundException;
4 import java.io.FileOutputStream;
5 import java.io.IOException;
6
7 public class TestFileOutputStream {
8       public static void main (String [] args)
9       {
10              try {
11                     File file = new File("Test.txt");
12                     File copy = new File("Copy.txt");
13                     FileInputStream fis = new FileInputStream(file);
14                     FileOutputStream fos = new FileOutputStream (copy);
15                     int i = 0;
16                     while ((i = fis.read()) != -1) {
17                            fos.write(i);
18                     }
19                     fis.close();
20                     fos.close();
21              }
22              catch (IOException e) {
23                     System.out.println("文件读写异常");
24              }
25       }
26 }
```

Test.txt:

```
Test 中国
```

Copy.txt:

```
Test 中国
```

从上面的运行结果可以发现，虽然在例 7.3 中读取然后显示中文汉字时出现了问题，但是在例 7.4 中利用 FileOutputStream 类写入文件之后，中文汉字可以正常显示了。

（2）BufferedInputStream 类和 BufferedOutputStream 类

BufferedInputStream 类和 BufferedOutputStream 类是缓冲字节流，它们通过减少读写 I/O

设备的次数来加快输入/输出速度。在读取数据时，会先将数据成块读取并放置在内存大的缓冲区中，每次读取数据时，都是从缓冲区读取。输出数据时，会先将数据写入到内存的缓冲区中，再一次性将缓冲区中的数据写入到目标地址中。由于对于内存的读写比 I/O 要快很多，所以这样明显提高了读写的速度和安全性。

缓冲字节流不能独立读写数据，必须将其他的字节流对象包装成缓冲字节流才能执行读写操作。

BufferedInputStream 类的构造方法有以下几种：

```
BufferedInputStream(InputStream in);
//创建 BufferedInputStream 并保存其参数，即输入流 in，以便将来使用
BufferedInputStream(InputStream in, int size);
/*创建具有指定缓冲区大小的 BufferedInputStream，并保存其参数，即输入流 in 和缓冲区大小的 SIZE，
以便将来使用*/
```

BufferedOutputStream 类的构造方法有以下几种：

```
BufferedOutputStream(OutputStream out);
//创建一个新的缓冲区输出流，以将数据写入指定的基础输出流 out
BufferedOutputStream(OutputStream out, int size);
//创建一个新的缓冲区输出流，以将具有指定缓冲区大小的数据写入到指定的基础输出流
```

下面通过一个例子来演示利用缓冲流包装普通字节流进行文件的读写。

【例 7.5】

TestBufferedStream.java:

```
1   import java.io.BufferedInputStream;
2   import java.io.BufferedOutputStream;
3   import java.io.File;
4   import java.io.FileInputStream;
5   import java.io.FileOutputStream;
6   import java.io.IOException;
7   import java.util.Random;
8
9   public class TestBufferedStream {
10      public static void main (String [] args)
11      {
12          try {
13              File file = new File("data.txt");
14              FileOutputStream fos = new FileOutputStream(file);
15              FileInputStream fis = new FileInputStream(file);
16
17              BufferedInputStream bis = new BufferedInputStream(fis);
18              BufferedOutputStream bos = new BufferedOutputStream(fos);
19              for (int i = 0; i < 10; i++) {
20                  bos.write(new Random().nextInt(100));
21              }
22              bos.flush(); //刷新缓冲区
23              int i = -1;
24              while ((i = bis.read()) != -1) {
```

```
25                      System.out.println(i);
26                  }
27                  fos.close();
28                  fis.close();
29                  bis.close();
30                  bos.close();
31              }
32              catch(IOException e) {
33                  System.out.println("文件读写异常");
34              }
35          }
36 }
```

data.txt:

```
^SIU@)STXQ/"ESC
```

输出结果：

```
94
15
85
64
41
2
81
47
34
27
```

由于是字节流，因此运行结果显示的都是 data.txt 中字符对应的 ASCII 码（黑色底纹的是不可显示的 ASCII 码，如 ESC，其对应的 ASCII 码为 27）。

（3）数据流类

FileInputStream 类和 FileOutputStream 类只能读写字节，如果需要读写 int、double 或者字符串类型的数据就需要使用数据流进行包装。数据流不能独立读写，必须对字节流进行包装后才能读写数据。可以使用过滤器类实现 DataInputStream 类和 DataOutputStream 类。数据流也是一种字节流。

DataInputStream 类常用的构造方法如下：

```
DataInputStream(InputStream in);          //根据字节流创建数据流对象
boolean readBoolean();                    //从输入流读取一个布尔值
boolean readByte();                       //从输入流读取一个 byte 值
char readChar();                          //从输入流读取一个 char 值
double readDouble();                      //从输入流读取一个 double 值
float readFloat();                        //从输入流读取一个 float 值
int readInt();                            //从输入流读取一个 int 值
String readUTF();                         //从输入流读取一个字符串
```

DataOutputStream 类常用的构造方法如下：

```
DataOutputStream(OutPutStream out);  //创建一个新的数据输出流，将数据写入指定的基础输出流
writeBoolean(boolean v);             //将一个 boolean 型数据写入输出流
writeByte(int v);                    //将一个 byte 值写入到输出流
wirteBytes(String s);                //将字符串按字节顺序写入到基础输出流中
writeChar(int v);                    //将一个 char 值写入到基础输出流中
writeChars(String s);                //将字符串按字符顺序写入到基础输出流
writeDouble(double v);
/*使用 Double 类中的 doubleToLongBits 方法将 double 参数转换为一个 long 值，然后将该 long 值以 8
个字节的形式写入基础输出流中，先写高字节*/
writeFloat(float v);
/*使用 Float 类的 floatToLongBits 方法将 float 参数转换成一个 int 值，然后再将该 int 值以 4 个字节
的形式写入到基础输出流中，先写入高字节*/
writeInt(int v);                     //将一个 int 值以 4 个字节的形式写入到输出流中，先写入高字节
writeLong(long v);                   //将一个 long 值以 8 个字节的形式写入到输出流中，先写入高字节
writeShort(int v);                   //将一个 short 值以 2 个字节的形式写入到输出流中，先写入高字节
writeUTF(String str);                //使用 UTF-8 编码形式将一个字符串写入到基础输出流中
```

下面是一个演示数据流读写文件的例子。

【例 7.6】

TestDataStream.java:

```
1  import java.io.*;
2  public class TestDataStream {
3      public static void main (String [] args) {
4          try {
5              File file = new File("data.txt");
6              DataOutputStream dos = new DataOutputStream(new FileOutputStream(file));
7              DataInputStream dis = new DataInputStream(new FileInputStream (file));
8              dos.writeUTF("张三");
9              dos.writeDouble(2500.0);
10              dos.writeUTF("李四");
11              dos.writeDouble(3500.0);
12              dos.flush();
13              System.out.println("姓名\t 薪水");
14
15              String name = dis.readUTF();
16              double salary = dis.readDouble();
17              System.out.println(name + "\t" + salary);
18              name = dis.readUTF();
19              salary = dis.readDouble();
20              System.out.println(name + "\t" + salary);
21              dos.close();
22              dis.close();
23          }
24          catch (IOException e) {
25              System.out.println("文件读写异常");
26          }
27      }
28  }
```

运行后的 data.txt 文件如图 7-4 所示。

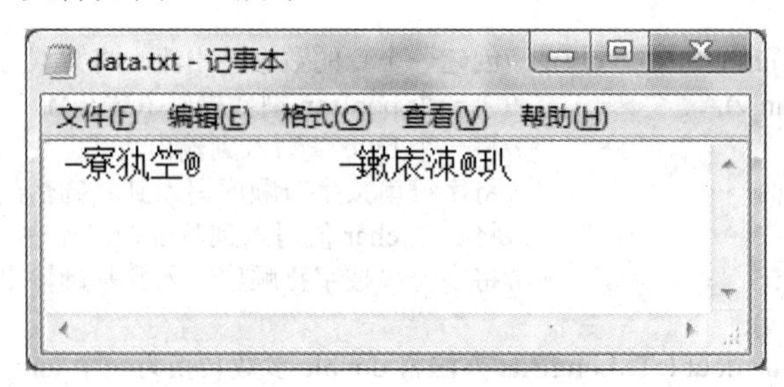

图 7-4 运行之后的 data.txt 文件内容

输出结果：

```
姓名    薪水
张三    2500.0
李四    3500.0
```

从上面的输出结果可以看到正确输出了写入文件的内容，但在保存信息的 data.txt 中是一个二进制文件，用记事本打开时发现显示为乱码。原因是我们采用的是字节流写入文件，即在写入“2500.0”时，写入文件的是其二进制，而非“2500.0”这几个字符，因此，用记事本打开时会发现乱码。

2. 字符流

字符流的基类是抽象类 Reader 和抽象类 Writer。抽象类 Reader 负责输入，抽象类 Writer 负责输出。常用字符流层次结构如图 7-5 所示。

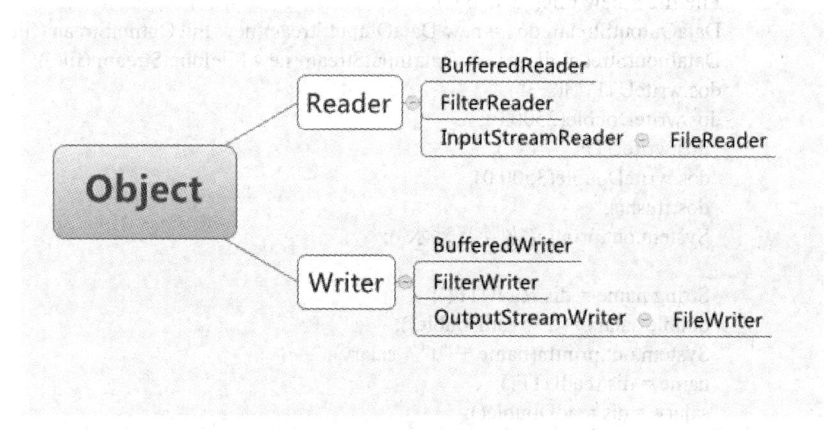

图 7-5 常用字符流层次结构

抽象类 Reader 的常用方法有：

```
void close();                          //关闭该流
int read();                            //读取单个字符
int read(char []buf);                  //读取多个字符到数组 buf
int read(char []buf, int off, int len); //将字符读入到数组 buf 的某一部分
```

抽象类 Writer 的常用方法有：

```
Writer append(char c);                    //将指定的字符追加到此 Writer，方法返回一个 Writer 对象
void close();                             //关闭此流，需要先刷新
void flush();                             //刷新流
void write(char []buf);                   //写入字符数组
void write(char []buf, int off, int len); //写入字符数组的一部分
void write(String str);                   //写入字符串
```

注意

文件字符流设定了缓冲区，当写入字符时，必须调用 flush()方法或者在最后调用 close()方法才能将缓冲区中的数据写入文件中。

（1）FileReader 类和 FileWriter 类

FileReader 和 FileWriter 是以字符为基本操作单位的文件流。一般对文本的读写操作使用 FileReader 和 FileWriter 比较合适。

FileReader 类常用的构造方法有：

```
FileReader(String fileName);
FileReader(File file);
```

FileWriter 类常用的构造方法有：

```
FileWriter(File file);
FileWriter(String fileName);
FileWriter(File file, boolean append);
FileWriter(String fileName, boolean append);
```

下面是一个使用 FileReader 类和 FileWriter 类的例子。

【例 7.7】

TestFileReaderWriter.java:

```
1  import java.io.File;
2  import java.io.FileReader;
3  import java.io.FileWriter;
4  import java.io.IOException;
5
6  public class TestFileReaderWriter {
7      public static void main (String [] args)
8      {
9          try {
10             File file = new File("test.txt");
11             FileReader fr = new FileReader(file);
12             FileWriter fw = new FileWriter(file);
13             fw.write("Test 中国");
```

```
14                  fw.flush();
15                  int i;
16                  StringBuffer sb = new StringBuffer();
17                  while ((i = fr.read()) != -1) {
18                      sb.append((char)i);
19                  }
20                  System.out.println(sb.toString());
21                  fw.close();
22                  fr.close();
23              }
24              catch (IOException e) {
25                  System.out.println("文件读写异常");
26              }
27          }
28  }
```

输出结果：

```
Test 中国
```

执行例 7.6 的程序会在当前目录下创建一个 test.txt 文件，文件的内容如图 7-6 所示。将输出结果与前面字节流进行对比，可以发现读取同样的文件时，字符流就能够很好地显示中文汉字。

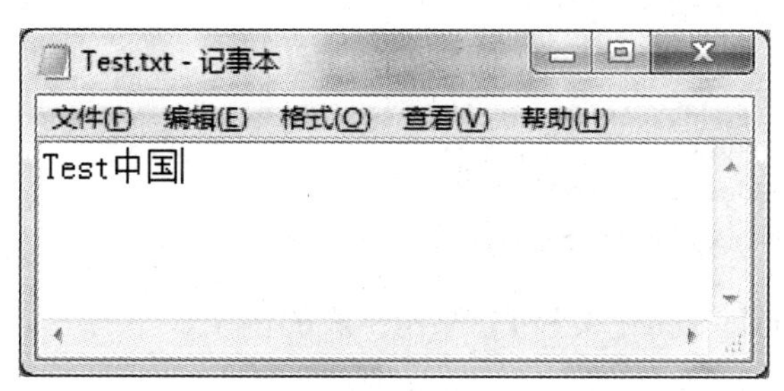

图 7-6　运行后生成的 Test.txt 文件

（2）BufferedReader 类和 BufferedWriter 类

BufferedReader 类和 BufferedWriter 类与前面介绍的 BufferedInputStream 类和 BufferedOutputStream 类的作用一样，通过内存的缓冲区来减少 I/O 的读写次数，以提高输入和输出的速度。BufferedReader 类和 BufferedWriter 类是针对字符的缓冲输入/输出流。它们也不能独立读写数据，必须包装字符流才能进行读写操作。

BufferedReader 类的常用构造方法有：

```
BufferedReader(Reader in);              //创建一个使用默认大小的输入缓冲区的缓冲字符输入流
BufferedReader(Reader in, int size);    //创建一个指定大小的输入缓冲区的缓冲字符输入流
String readLine();                      //读取一个文本行
```

BufferedWriter 常用的构造方法有：

```
BufferedWriter(Writer out);             //创建一个使用默认大小的输出缓冲区的缓冲字符输出流
BufferedWriter(Writer out, int size);   //创建一个指定大小的输出缓冲区的缓冲字符输出流
newLine();                              //写入一个分行符
```

下面是一个利用 Java 缓冲流读写 Java 源文件的例子。

【例 7.8】

TestBufferedRW.java:

```
1   import java.io.BufferedReader;
2   import java.io.BufferedWriter;
3   import java.io.File;
4   import java.io.FileReader;
5   import java.io.FileWriter;
6   import java.io.IOException;
7
8   public class TestBufferedRW {
9       public static void main (String [] args)
10      {
11          try {
12              File file = new File("TestFileReaderWriter.java");
13              File copy = new File("Copy.java");
14              BufferedReader br = new BufferedReader(new FileReader(file));
15              BufferedWriter bw = new BufferedWriter(new FileWriter(copy));
16              String str = "";
17              while ((str = br.readLine()) != null) {
18                  bw.write(str);
19                  bw.newLine();
20                  System.out.println(str);
21              }
22              bw.flush();
23              br.close();
24              bw.close();
25          }
26          catch(IOException e) {
27              System.out.println("文件读写错误");
28          }
29      }
30  }
```

例 7.8 的程序中，先利用 BufferedReader 类读取例 7.7 的源代码，如图 7-7 所示，然后利用 BufferedWriter 类将读取的信息写入到文件 Copy.java，如图 7-8 所示。最后程序读取文件后的显示结果如图 7-9 所示。

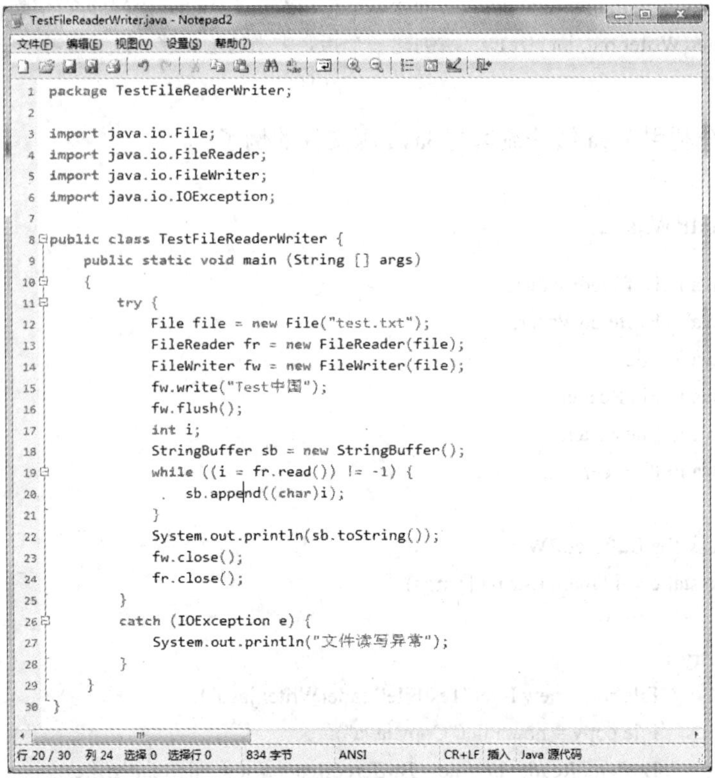

```
package TestFileReaderWriter;

import java.io.File;
import java.io.FileReader;
import java.io.FileWriter;
import java.io.IOException;

public class TestFileReaderWriter {
    public static void main (String [] args)
    {
        try {
            File file = new File("test.txt");
            FileReader fr = new FileReader(file);
            FileWriter fw = new FileWriter(file);
            fw.write("Test中国");
            fw.flush();
            int i;
            StringBuffer sb = new StringBuffer();
            while ((i = fr.read()) != -1) {
                sb.append((char)i);
            }
            System.out.println(sb.toString());
            fw.close();
            fr.close();
        }
        catch (IOException e) {
            System.out.println("文件读写异常");
        }
    }
}
```

图 7-7 读取的源文件

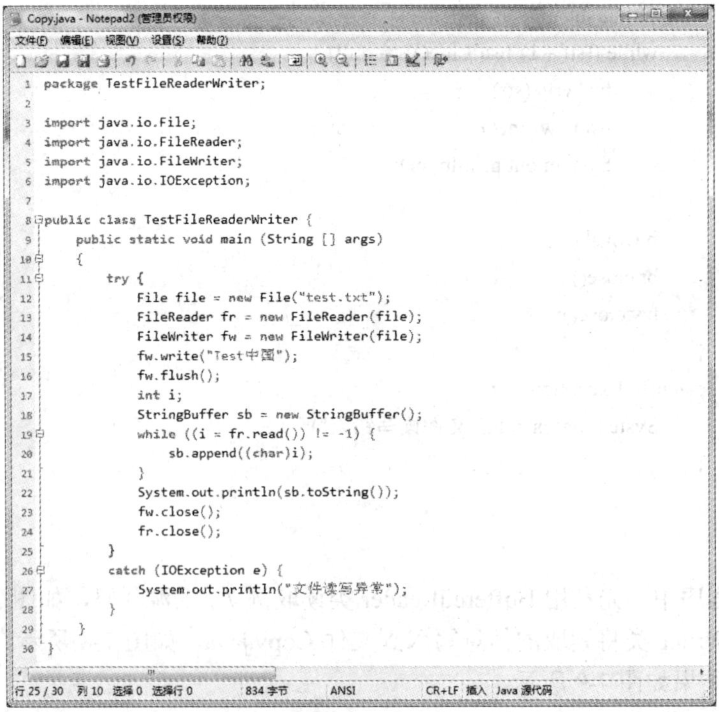

```
package TestFileReaderWriter;

import java.io.File;
import java.io.FileReader;
import java.io.FileWriter;
import java.io.IOException;

public class TestFileReaderWriter {
    public static void main (String [] args)
    {
        try {
            File file = new File("test.txt");
            FileReader fr = new FileReader(file);
            FileWriter fw = new FileWriter(file);
            fw.write("Test中国");
            fw.flush();
            int i;
            StringBuffer sb = new StringBuffer();
            while ((i = fr.read()) != -1) {
                sb.append((char)i);
            }
            System.out.println(sb.toString());
            fw.close();
            fr.close();
        }
        catch (IOException e) {
            System.out.println("文件读写异常");
        }
    }
}
```

图 7-8 复制的文件

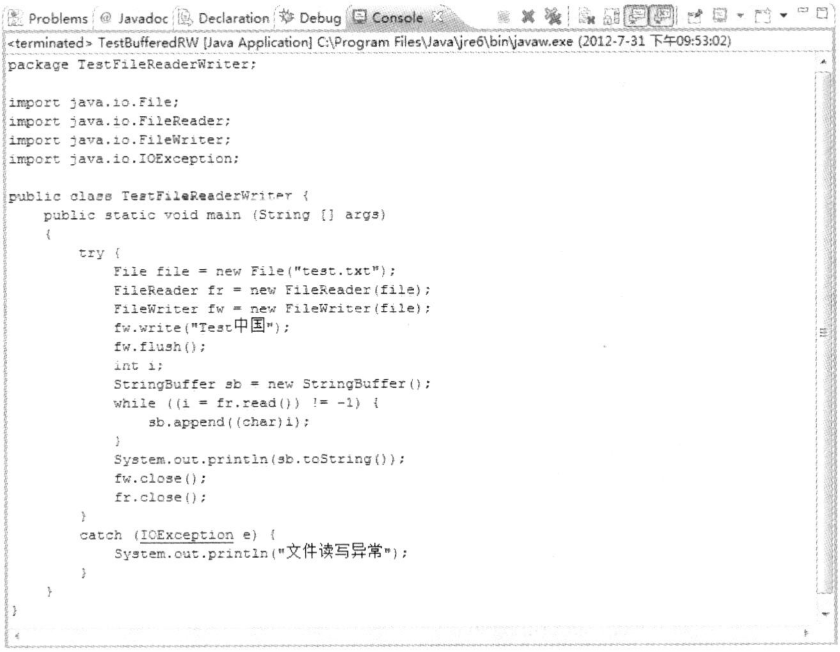

Problems @ Javadoc Declaration Debug Console

<terminated> TestBufferedRW [Java Application] C:\Program Files\Java\jre6\bin\javaw.exe (2012-7-31 下午09:53:02)

```
package TestFileReaderWriter;

import java.io.File;
import java.io.FileReader;
import java.io.FileWriter;
import java.io.IOException;

public class TestFileReaderWriter {
    public static void main (String [] args)
    {
        try {
            File file = new File("test.txt");
            FileReader fr = new FileReader(file);
            FileWriter fw = new FileWriter(file);
            fw.write("Test中国");
            fw.flush();
            int i;
            StringBuffer sb = new StringBuffer();
            while ((i = fr.read()) != -1) {
                sb.append((char)i);
            }
            System.out.println(sb.toString());
            fw.close();
            fr.close();
        }
        catch (IOException e) {
            System.out.println("文件读写异常");
        }
    }
}
```

图 7-9　读取文件后的显示结果

（3）转换流

有时候需要将字节流转换为字符流，并且将字符流中读到的数据按照指定的字符编码换成字符输入显示或者将要写入的数据按照指定的字符编码转换成字节输出存储。这时就需要用到转换流。JavaSE API 提供了两个转换流：InputStreamReader 和 OutputStreamWriter。前者用于字节输入流的转换，后者用于字节输出流的转换。

InputStreamReader 常用的构造方法及常用的成员方法有以下几种：

```
InputStreamReader(InputStream in);          //创建一个使用默认字符编码的 InputStreamReader
InputStreamReader(InputStream in, String charsetName);
//创建一个指定字符集编码的 InputStreamReader
String getEncoding();                       //返回此流使用的字符编码名称
```

OutputStreamWriter 常用的构造方法及常用的成员方法有以下几种：

```
OutputStreamWriter(OutputStream out);       //创建一个使用默认字符编码的 OutputStreamWriter
OutputStreamWriter(OutputStream out, String charsetName);
//创建一个指定字符集编码的 OutputStreamWriter
String getEncoding();                       //返回此流使用的字符编码名称
```

下面是一个演示利用转换流来读写文件的例子。

【例 7.9】

TestConvertStream.java:

```
1  import java.io.BufferedReader;
2  import java.io.BufferedWriter;
3  import java.io.File;
```

```
4   import java.io.FileInputStream;
5   import java.io.FileOutputStream;
6   import java.io.IOException;
7   import java.io.InputStreamReader;
8   import java.io.OutputStreamWriter;
9
10  public class TestConvertStream {
11          public static void main (String [] args)
12          {
13                  try {
14                          File file = new File("test.txt");
15                          OutputStreamWriter osw = new OutputStreamWriter(new FileOutputStream(file));
16                          InputStreamReader isr = new InputStreamReader(new FileInputStream(file));
17                          BufferedWriter bw = new BufferedWriter(osw);
18                          BufferedReader br = new BufferedReader(isr);
19                          bw.write("Test 中国");
20                          bw.flush();
21                          String str = "";
22                          while ((str = br.readLine()) != null) {
23                                  System.out.println(str);
24                          }
25                  }
26                  catch (IOException e) {
27                          System.out.println("文件读写异常");
28                  }
29          }
30  }
```

输出结果：

```
Test 中国
```

在上面的程序中，第 15 行和第 16 后分别利用 OutputStreamWriter 和 InputStreamReader 将两个字节流转为 osw 和 isr。在第 17 行和第 18 行再将 osw 和 isr 分别转换为 BufferedWriter 和 BufferedReader 的字符流。从最后的程序输出结果可以发现转换之后并没有影响文件的读写。

7.3 任务实现

用户可以用数据流来保存和读取员工的信息。利用 6.2.3 节介绍的 JFileChooser 类来选择文件保存和读取的位置，参考代码如下。

TestEmployee.java:

```
1   import java.awt.*;
2   import java.awt.event.*;
3   import java.io.*;
```

```
4   import java.util.Vector;
5   import javax.swing.*;
6   import javax.swing.table.AbstractTableModel;
7
8   public class TestEmployee extends JFrame{
9       JLabel idLabel = new JLabel("ID:");
10      JLabel nameLabel = new JLabel("姓名:");
11      JLabel typeLabel = new JLabel("类型:");
12      JLabel salaryLabel = new JLabel("月薪:");
13      JButton addBtn = new JButton("添加", new ImageIcon("image/add_1.png"));
14      JButton saveBtn = new JButton("保存", new ImageIcon("image/save.png"));
15      JButton openBtn = new JButton("载入", new ImageIcon("image/load.png"));
16      JTextField idField = new JTextField(8);
17      JTextField nameField = new JTextField(8);
18      JTextField salaryField = new JTextField(8);
19      JComboBox typeBox = new JComboBox();
20      final SalaryTableModel tableData = new SalaryTableModel();
21      JTable table = new JTable(tableData);
22      JScrollPane scrollPane = new JScrollPane(table);
23      JPanel panel = new JPanel();
24      JPanel svPanel = new JPanel();
25
26      public TestEmployee() {
27        super("员工信息管理");
28          this.setLayout(null);
29          typeBox.addItem("合同制");
30          typeBox.addItem("临时");
31          panel.setLayout(new FlowLayout());
32          panel.add(idLabel);
33          panel.add(idField);
34          panel.add(nameLabel);
35          panel.add(nameField);
36          panel.add(typeLabel);
37          panel.add(typeBox);
38          panel.add(salaryLabel);
39          panel.add(salaryField);
40          panel.add(addBtn);
41          panel.setBounds(10, 10, 580, 40);
42          scrollPane.setBounds(30, 55, 540, 160);
43          svPanel.add(openBtn);
44          svPanel.add(saveBtn);
45          svPanel.setBounds(10, 220, 580, 40);
46          addBtn.addActionListener(new AddButtonListener());
47          typeBox.addItemListener(new ItemListener() {
48              public void itemStateChanged(ItemEvent e) {
49                  if (e.getStateChange() == ItemEvent.SELECTED) {
50                      JComboBox jcb = (JComboBox)e.getSource();
51                      String selectedItem = jcb.getSelectedItem(). toString();
52                      if (selectedItem.equals("合同制"))
```

```
53                          salaryLabel.setText("月薪:");
54                      else
55                          salaryLabel.setText("日薪:");
56                  }
57              }
58          });
59          saveBtn.addActionListener(new ActionListener() {
60              public void actionPerformed(ActionEvent e) {
61                  JFileChooser chooser = new JFileChooser();
62                  chooser.setCurrentDirectory(new File("."));
63                  int result = chooser.showSaveDialog(TestEmployee.this);
64                  if (result == JFileChooser.APPROVE_OPTION) {
65                      try {
66                          DataOutputStream dos = new DataOutputStream( new FileOutputStream
                          (chooser.getSelectedFile()));
67                          int rowNum = tableData.getRowCount();
68                          for (int i = 0; i < rowNum; i++) {
69                              dos.writeUTF((String)tableData. getValueAt(i, 0));
70                              dos.writeUTF((String)tableData. getValueAt(i, 1));
71                              dos.writeUTF((String)tableData.getValueAt(i, 2));
72                              dos.writeDouble((Double)tableData.getValueAt(i, 3));
73                          }
74                      }
75                      } catch (FileNotFoundException e1) {
76                          e1.printStackTrace();
77                      } catch (IOException ex){}
78                  }
79              }
80          });
81          openBtn.addActionListener(new ActionListener() {
82              public void actionPerformed(ActionEvent e) {
83                  JFileChooser chooser = new JFileChooser();
84                  chooser.setCurrentDirectory(new File("."));
85                  int result = chooser.showOpenDialog(TestEmployee.this);
86                  if (result == JFileChooser.APPROVE_OPTION) {
87                      try {
88                          DataInputStream dis = new DataInputStream (new FileInputStream
(chooser.getSelectedFile()));
89                          String id = "";
90                          String name = "";
91                          String type = "";
92                          double salary = 0;
93                          while (!(id = dis.readUTF()).equals("")) {
94                              name = dis.readUTF();
95                              type = dis.readUTF();
96                              salary = dis.readDouble();
97                              tableData.addData(id, name, type, Double.toString(salary));
98                          }
99                      } catch (FileNotFoundException e1) {
```

```
100                             e1.printStackTrace();
101                         } catch (IOException ex){}
102                     }
103                 }
104         });
105         this.add(panel);
106         this.add(scrollPane);
107         this.add(svPanel);
108         this.setBounds(100, 100, 620, 320);
109         this.setVisible(true);
110     }
111     class AddButtonListener implements ActionListener
112     {
113         public void actionPerformed(ActionEvent arg0) {
114             String id = idField.getText();
115             String name = nameField.getText();
116             String type = typeBox.getSelectedItem().toString();
117             String salary = salaryField.getText();
118             if (id.equals("") || name.equals("") || salary.equals(""))
119             {
120               JOptionPane.showMessageDialog(TestEmployee.this, "请输入完整信息",
121                         "提示",JOptionPane.ERROR_MESSAGE);
122                 return;
123             }
124             tableData.addData(id, name, type, salary);
125             idField.setText("");
126             nameField.setText("");
127             salaryField.setText("");
128         }
129     }
130
131     public static void main (String [] args)
132     {
133         new TestEmployee();
134     }
135 }
136
137 class SalaryTableModel extends AbstractTableModel
138 {
139     private Vector<Employee> employeeData = new Vector<Employee>();
140     private String[] columnName = {"ID", "姓名", "类型", "薪水"};
141     public int getRowCount() {
142         return employeeData.size();
143     }
144     public int getColumnCount() {
145         return 4;
146     }
147     public Object getValueAt(int row, int col) {
148         if (col == 0) return employeeData.elementAt(row).getId();
```

```
149                 else if (col == 1) return employeeData.elementAt(row).getName();
150                 else if (col == 2) {
151                      if (employeeData.elementAt(row) instanceof ContractEmployee)
152                           return "合同制";
153                      else
154                           return "临时";
155                 }
156                 else
157                      return employeeData.elementAt(row).getSalary();
158            }
159            public String getColumnName(int col) {
160                 return columnName[col];
161            }
162            public void addData(String id, String name,String type, String salary) {
163            Employee employee;
164                 if (type.equals("合同制")) {
165                      employee = new ContractEmployee(id, name, Double.parseDouble(salary), false);
166                 }
167                 else {
168                      employee = new TempEmployee(id, name, Double.parseDouble(salary));
169                 }
170                 employeeData.addElement(employee);
171                 fireTableDataChanged();
172            }
173   }
```

Employee.java:

```
1  public abstract class Employee {
2       String id;
3       String name;
4
5       public Employee(String id, String name) {
6            this.id = id;
7            this.name = name;
8       }
9       public String getId(){
10           return id;
11      }
12      public String getName() {
13           return name;
14      }
15      public abstract double getSalary();
16  }
```

TempEmployee.java:

```
1  public class TempEmployee extends Employee{
2       double salaryPerDay;
```

```
3        public TempEmployee(String id, String name, double salary) {
4            super(id, name);
5            this.salaryPerDay = salary;
6        }
7    public double getSalary() {
8            return salaryPerDay;
9    }
10  }
```

ContractEmployee.java:

```
1   public class ContractEmployee extends Employee{
2        double salaryPerMonth;
3        boolean hasBonus;
4        final double BONUS_RATE = 0.10;
5        public ContractEmployee(String id, String name, double salary, boolean hasBonus) {
6            super(id, name);
7            this.salaryPerMonth = salary;
8            this.hasBonus = hasBonus;
9        }
10        public double getSalary() {
11            if (hasBonus)
12                return salaryPerMonth * (1 + BONUS_RATE);
13            else
14                return salaryPerMonth;
15        }
16  }
```

程序运行结果如图 7-10 所示。

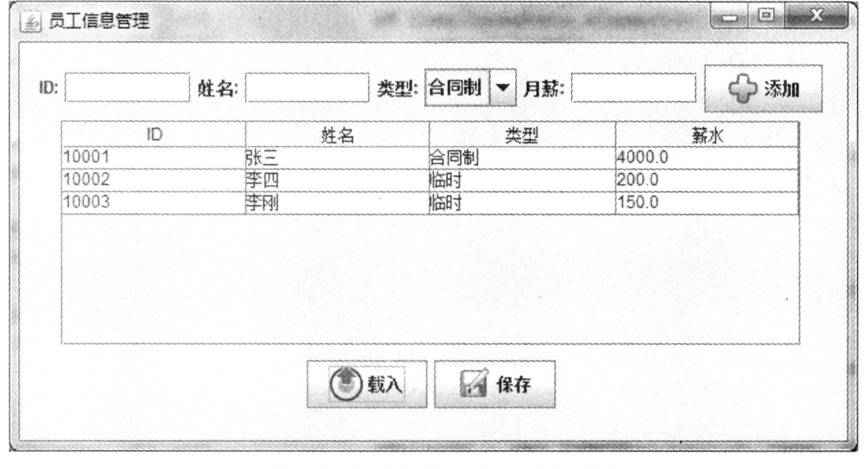

图 7-10　添加载入和保存后的结果

用于载入文件的对话框如图 7-11 所示。

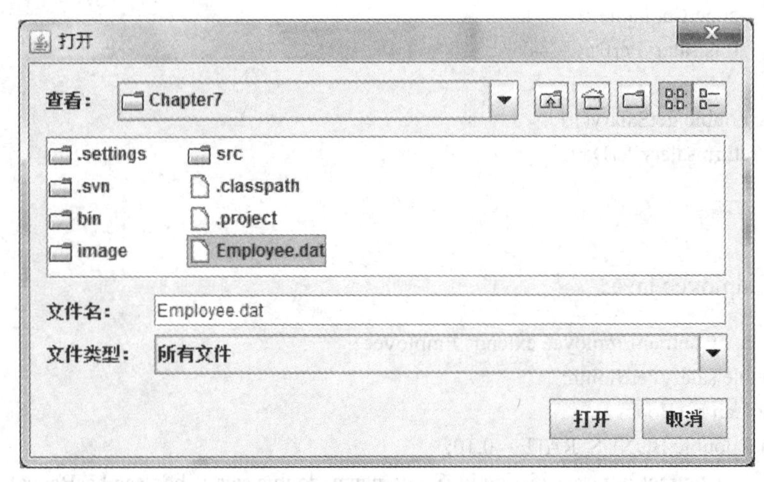

图 7-11　用于载入文件的对话框

第 8 章
基于数据库的员工信息管理系统

知识点、技能点

- JDBC 的简介和 Java 连接数据库的方式
- MySQL 数据库的安装
- JDBC 中常用的接口
- JDBC 连接访问 MySQL 数据库

学习要求

- 了解 Java 连接数据库的方式
- 掌握 MySQL 数据库的安装
- 能够熟练的使用 JDBC 连接和访问 MySQL 数据库

教学基础要求

- 掌握 Java 利用 JDBC 连接和访问数据库的方法

8.1 任务预览

前文介绍了采用文件的方式存储员工的信息，本章将采用数据库的方式存储员工的信息。数据库与文件相比更加高效、可靠，且查询方便。这里设定两个界面，一个界面用于员工信息的录入，如图 8-1 所示，另一个界面用于员工信息的查询和删除，查询可以在多个限制条件中任选一个或多个，如图 8-2 所示。

图 8-1　员工信息的录入

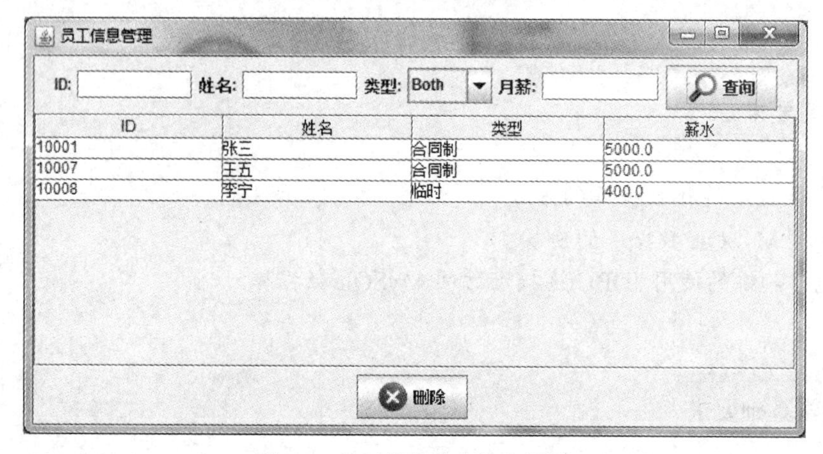

图 8-2　员工信息的查询和删除

8.2 相关知识

8.2.1 JDBC 简介和 JDBC 驱动

Java 语言通过 Java 数据库连接（Java Database Connection，JDBC）可以非常方便地统一处理各种类型的数据库。JDBC 本身是一个产品的商标名，但也可被看作 Java 数据库连接的简称。JDBC 为各种数据库的操作提供了良好的机制。JDBC 由一组用 Java 语言编写的类组成，它已成为一种供数据库开发者使用的标准应用编程接口（Application Programming Interface，API），用户可以用纯 Java API 来编写数据库应用。它为各种类型的数据库规定了统一的处理方法，使得相同的 Java 程序代码可以统一处理不同类型的数据库的数据，增强了程序的可移植性。

JDBC 规定了一套访问数据库的 API，而如何实现对底层数据库的操作则依赖于具体的 JDBC 驱动程序。目前应用比较广泛的商业数据库有 Oracle 数据库系统、SQL Server 数据库系统以及 MySQL 数据库系统等。对于任何一种数据库，只要提供了相应的 JDBC 驱动程序，就可以通过 JDBC 程序对该数据库进行操作。Java 程序访问数据库的结构图如图 8-3 所示。

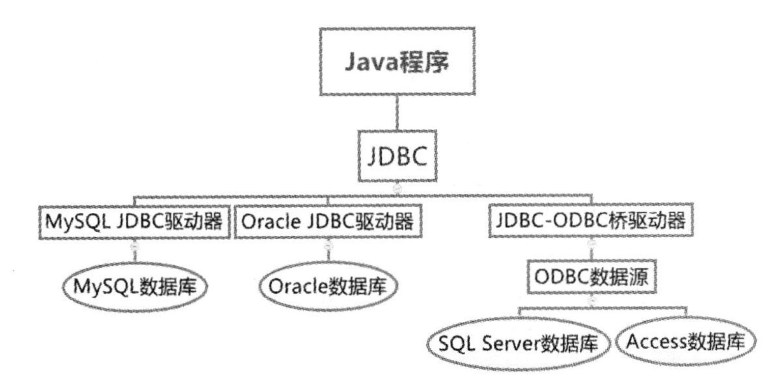

图 8-3　Java 程序访问数据库结构图

在实际的编程过程中，有两种常用的驱动方式：一种是 JDBC-ODBC 桥连接，通过 ODBC 与数据库进行连接，另一种是纯 Java 驱动方式，它直接与数据库进行连接。下面分别对这两种连接方式进行介绍。

1. JDBC-ODBC 桥连

JDBC-ODBC 桥连可以把 JDBC API 调用转换成 ODBC API 的调用，然后 ODBC API 调用针对供应商的 ODBC 驱动程序来访问数据库，即利用 JDBC-ODBC 桥通过 ODBC 来存储数据源，如图 8-4 所示。

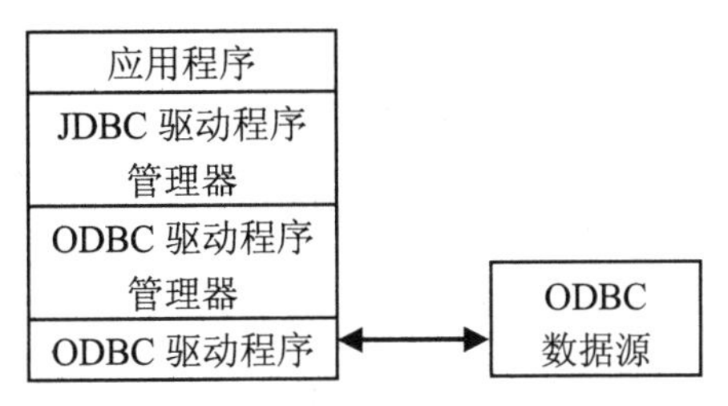

图 8-4　JDBC-ODBC 桥接驱动

JDBC-ODBC 桥作为包 sun.jdbc.odbc 与 JDK 一起安装，无需特殊配置，但是客户机需要通过生成数据源名来配置 ODBC 管理器。

假设已经配置了一个名为 Employee 的 ODBC 数据源。登录数据库的用户名为 test，口令为 123，则只需要下面的两行代码就可以建立一个数据库连接。

```
Class.forName("sun.jdbc.odbc.JdbcOdbcDriver");
Connect con = DriverManger.getConnection("jdbc:odbc:Employee", "test", "123");
```

需要注意的是，虽然通过 JDBC-ODBC 桥连的方式可以访问所有 ODBC，也可以访问数据库。但是 JDBC-ODBC 桥不能提供非常好的性能，一般不适合在实际系统中使用。

2. 本地库 Java 驱动程序

本地 API 结合 Java 驱动程序的结构如图 8-5 所示。JDBC 驱动程序直接通过本地化方法与数据库交互，即 JDBC 与特定数据库交互的协议是由本地化方法实现的。这种类型的 JDBC 驱动程序同时也体现了 JDBC 驱动程序的开放性，即允许通过本地化方法实现 JDBC 的 API，处理各种类型的数据库，尤其是自己定制的数据库。采用这种方法的缺点是兼容性比较差。

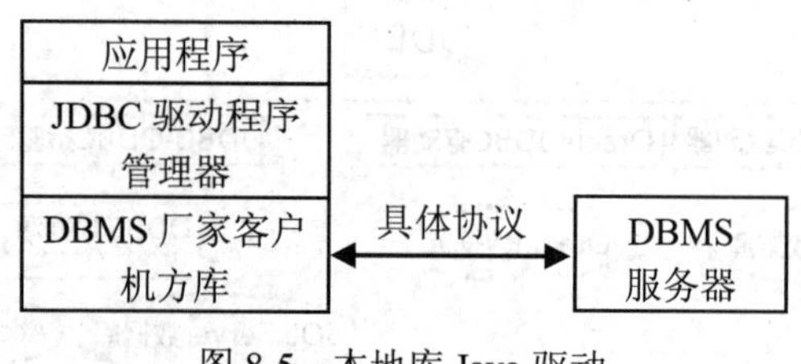

图 8-5　本地库 Java 驱动

3. JDBC 网络协议搭配纯 Java 驱动

网络协议搭配纯 Java 驱动程序的结构如图 8-6 所示，在访问数据库时借助于中间件。采用中间件访问数据库的方式的实现比较灵活，相当于在 JDBC 驱动和数据库之间又增加了一层标准。采用这种方式的缺点是执行效率比较低。

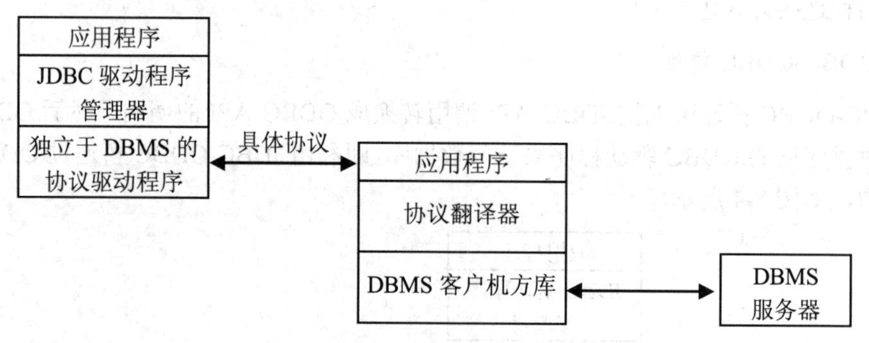

图 8-6　网络协议搭配纯 Java 驱动

4. 本地协议纯 Java 驱动方式

纯 Java 驱动方式由 JDBC 驱动直接访问数据库，驱动程序完全由 Java 语言编写，运行速度快，而且具备了跨平台的特点，但是由于这类 JDBC 驱动只是对应相同的数据库，因此访问不同的数据库需要下载其专用的 JDBC 驱动。

在使用 MySQL 数据库时，需要先下载驱动程序 jar 包，查看相关的帮助文档，获得驱动类的名称以及数据库连接的字符串，接下来就可以进行编程，然后与数据库进行连接。

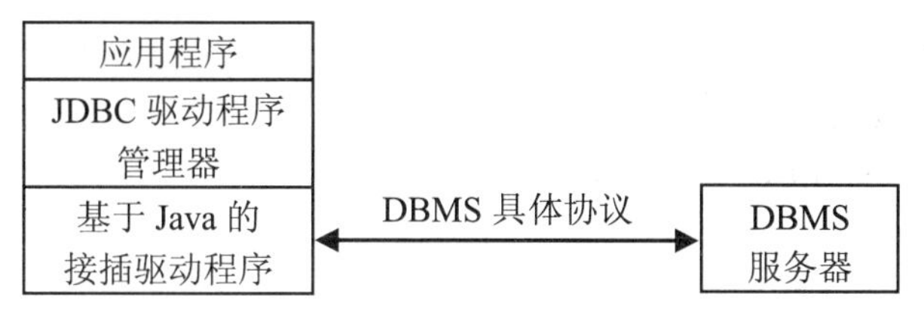

图 8-7　本地协议纯 Java 驱动

8.2.2　MySQL 数据库的安装

MySQL 是一个开放源码的关联式数据库管理系统，原开发者为瑞典的 MySQL AB 公司，该公司于 2008 年被升阳微系统公司（Sun Microsystems）收购。2009 年，甲骨文公司（Oracle）收购升阳微系统公司，MySQL 成为 Oracle 旗下产品。

由于 MySQL 性能高、成本低、可靠性好，已经成为最流行的开源数据库，因此被广泛地应用在 Internet 上的中小型网站中。随着 MySQL 的不断成熟，它也逐渐用于更多大规模网站和应用中，如维基百科、Google 和 Facebook 等。非常流行的开源软件组合 LAMP 中的“M”指的就是 MySQL。与其他的大型数据库如 Oracle、IBM DB2 和 SQL Server 等相比，MySQL 自有其不足之处，如规模小、功能有限等，但是这丝毫也没有减少它受欢迎的程度。对于一般的个人使用者和中小型企业来说，MySQL 提供的功能已经绰绰有余，而且由于 MySQL 是开放源码软件，因此可以大大降低成本。

MySQL 数据库的安装程序可以在 http://www.mysql.com/downloads/installer/上进行下载。运行下载的程序，可以看到如图 8-8 所示的界面。

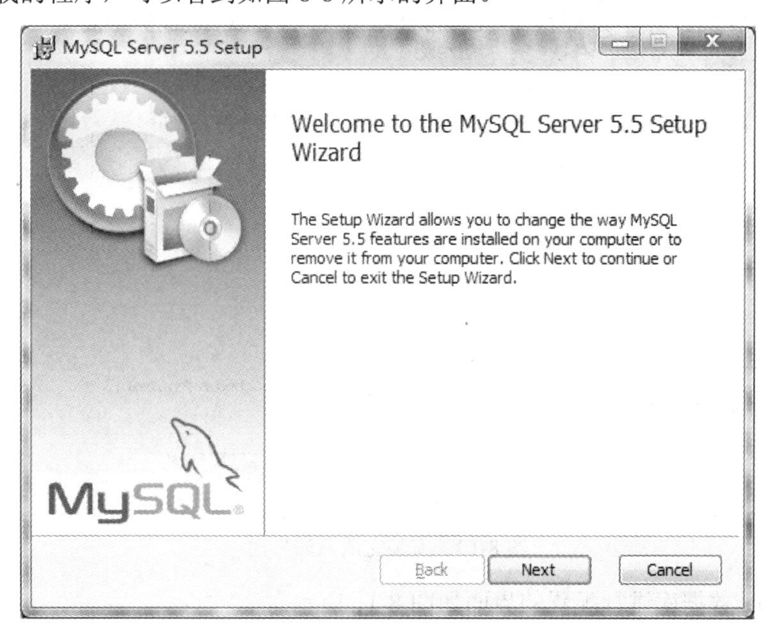

图 8-8　MySQL 安装界面

然后可以选择“Typical”典型安装，如图 8-9 所示。

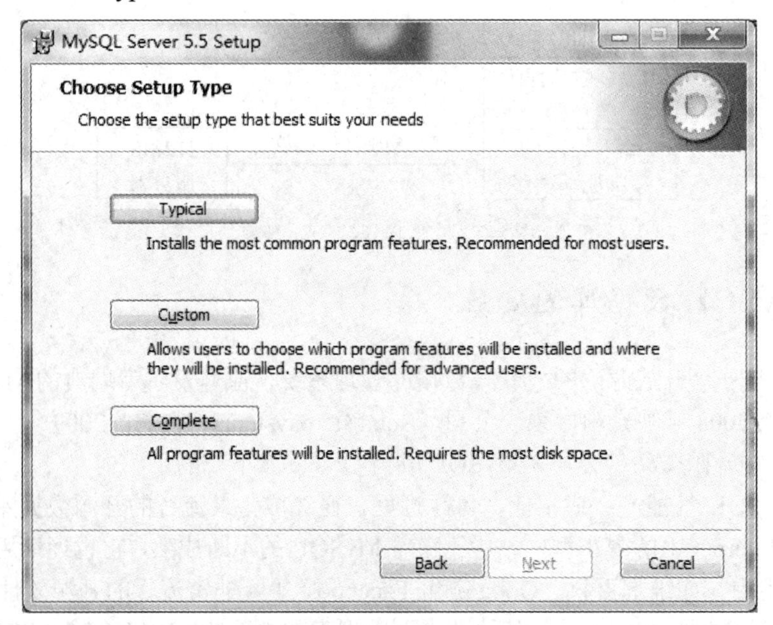

图 8-9　选择安装的方式

安装完成后，界面如图 8-10 所示。选中“Lanch the MySQL Instance Configuration Wizard”复选框，对 MySQL 数据库进行配置。

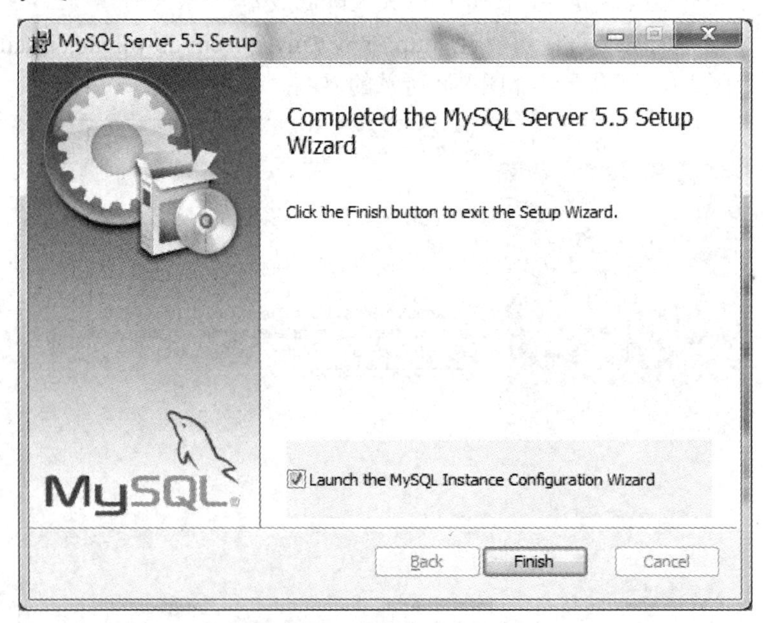

图 8-10　安装完成后的界面

对 MySQL 数据库进行配置的界面如图 8-11 所示。

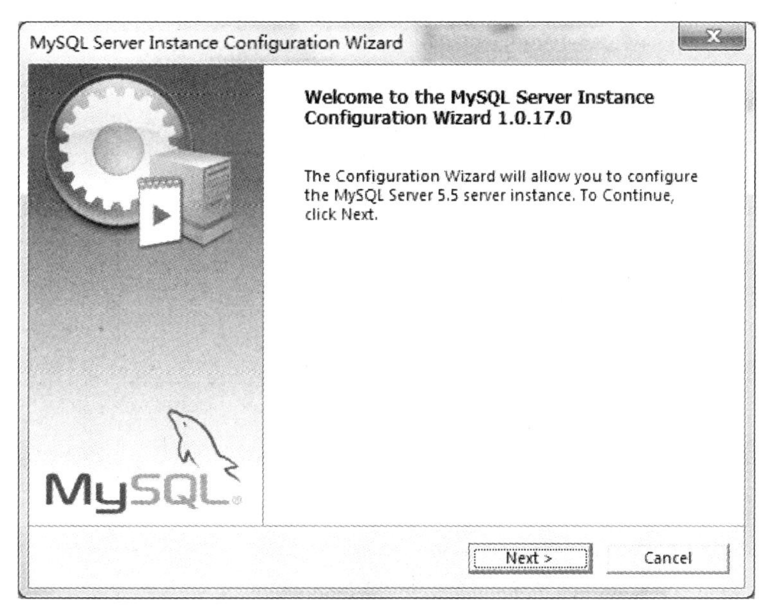

图 8-11　MySQL 数据库进行配置

在配置时，选中“Detailed Configuration”单选按钮对 MySQL 数据库进行详细配置，如图 8-12 所示。

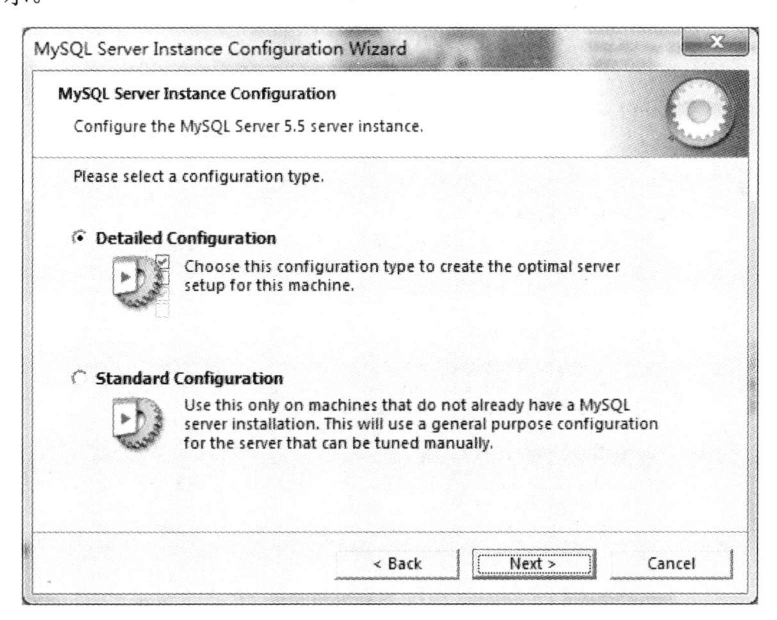

图 8-12　配置方式的选择

在配置时，设定 MySQL 的服务器类型为“Developer Machine”，数据库的用途为“Multifunctional Database”，如图 8-13 和图 8-14 所示。

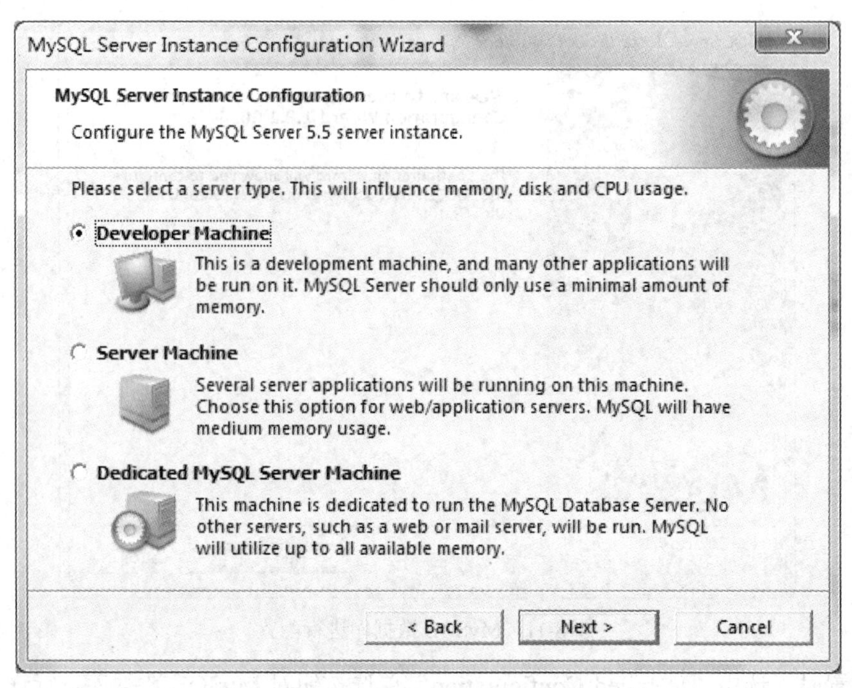

图 8-13　选择服务器的类型

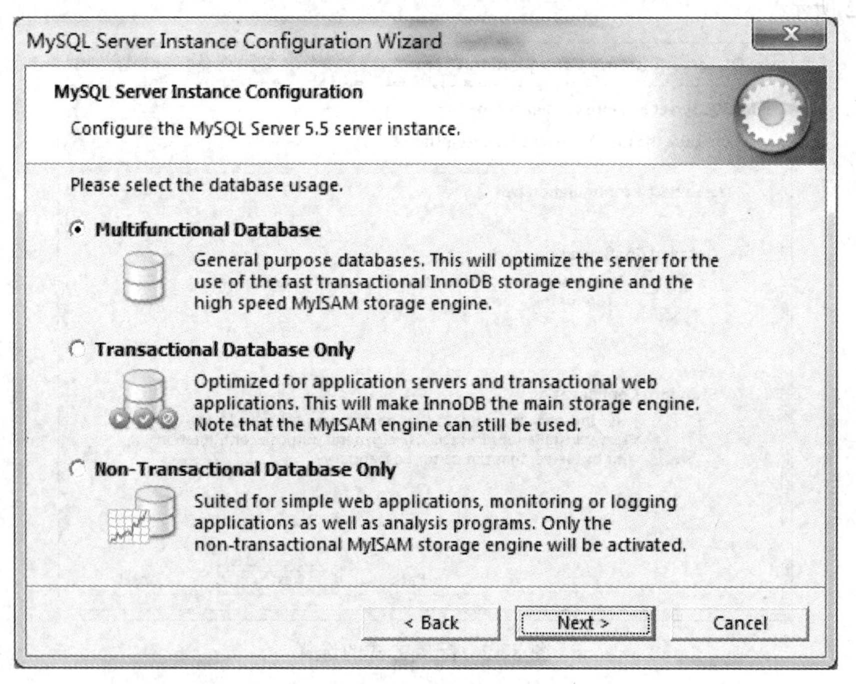

图 8-14　选择数据库的用途

如图 8-15 和图 8-16 所示的界面分别为选定最大的连接数目和连接的端口号，如果没有特殊的需求，则保持默认即可。

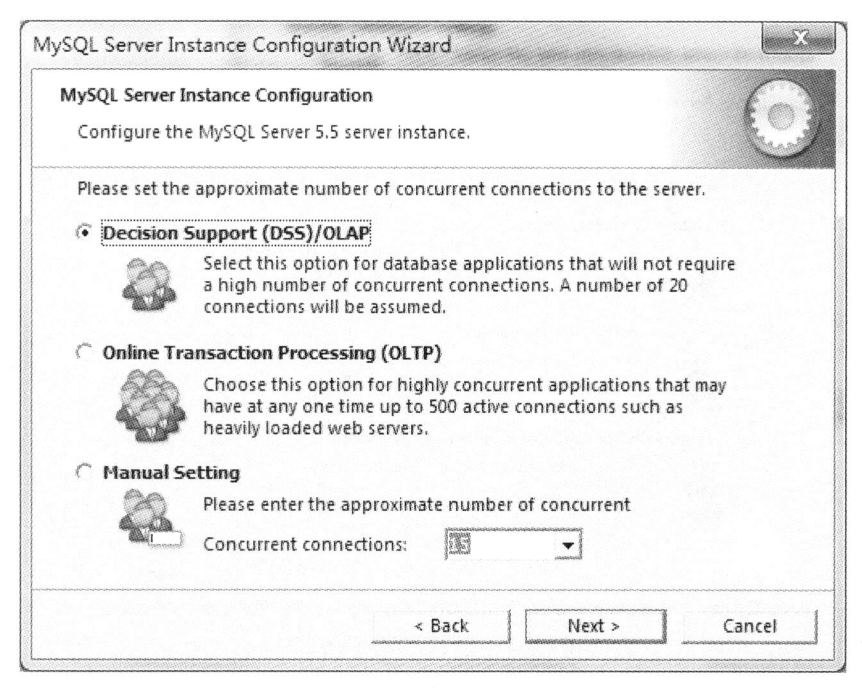

图 8-15　设定最大连接数

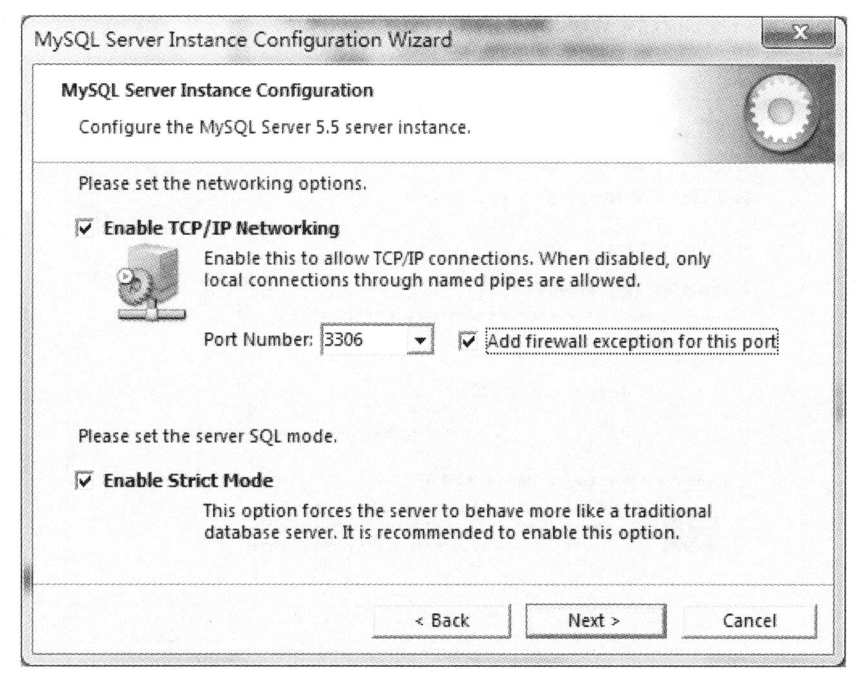

图 8-16　设定占用的端口号

在如图 8-17 所示的界面中，需要设定 MySQL 的默认编码集为 gbk，默认是 lartin，若不设定为 gbk，则会导致中文汉字出现乱码。

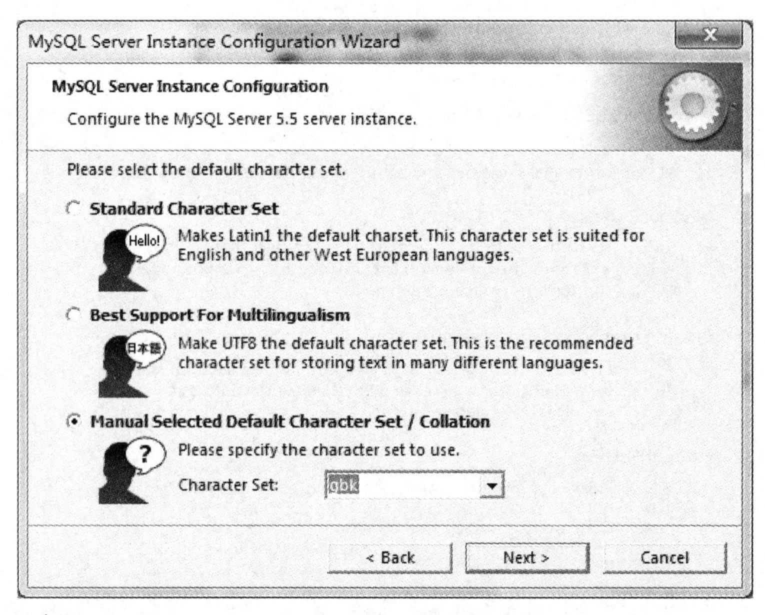

图 8-17　设定字符编码方式

在如图 8-18 所示的界面中，选中“Include Bin Directory in Windows PATH”复选框来将 MySQL 的 bin 路径加入到 Windows 的 PATH 变量中，这样就可以在命令行中直接执行 MySQL 的程序。

图 8-18　添加 bin 目录到系统的 PATH 变量

在如图 8-19 所示的界面中，设定 MySQL 数据库 root 用户的登录密码，然后在图 8-20 所示界面中单击“Execute”按钮即可完成 MySQL 的配置。

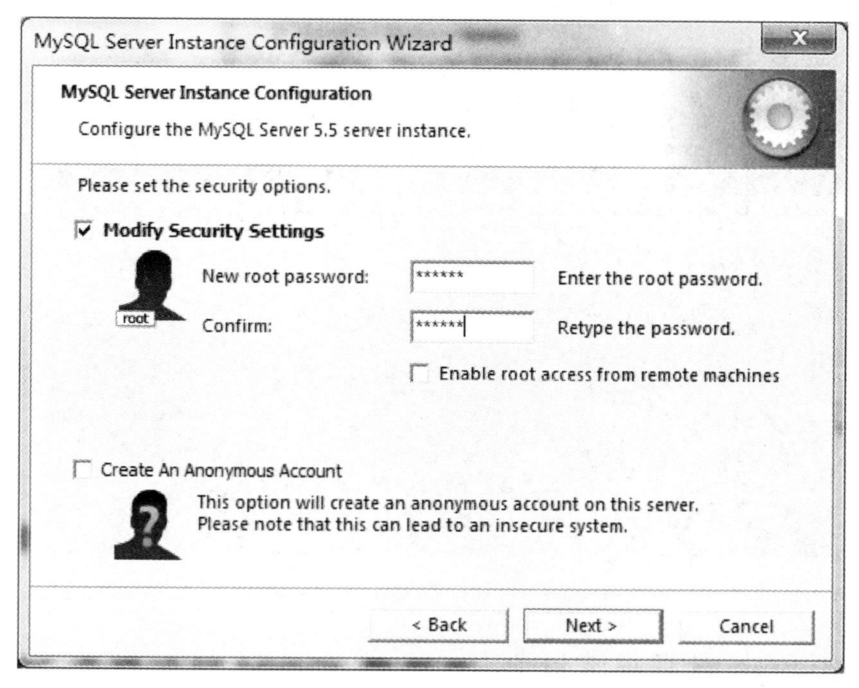

图 8-19　设定 root 用户的登录密码

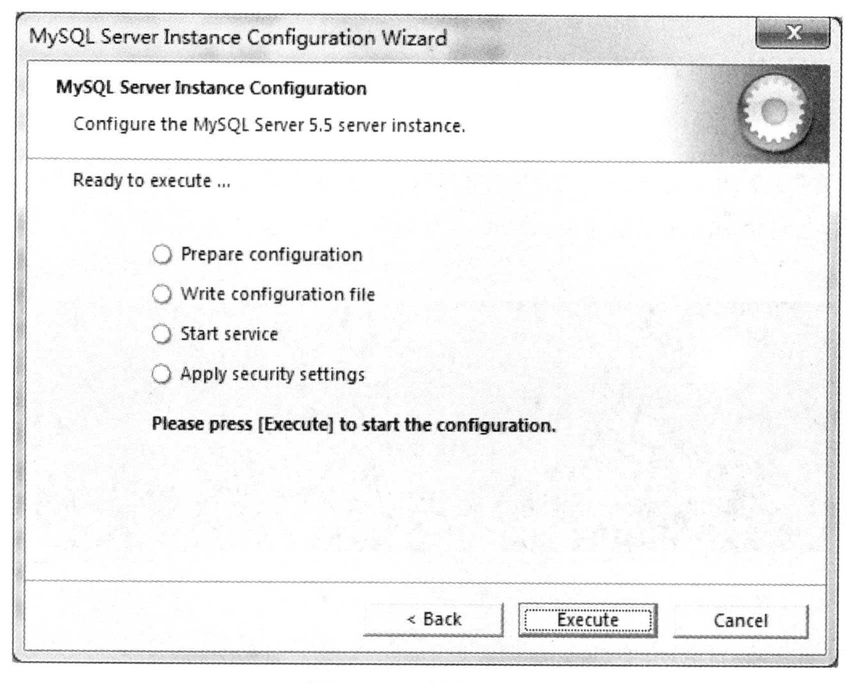

图 8-20　开始执行配置

配置完成后，在“所有程序”中单击“MySQL Command Line”，在弹出的界面中输入刚才配置的密码，就可以看到如图 8-21 所示的窗口。

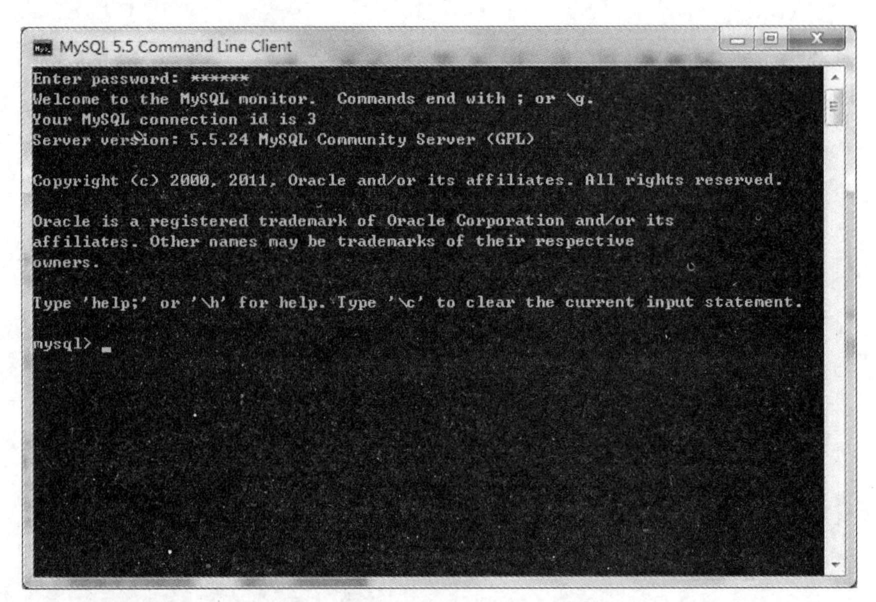

图 8-21　登录到 MySQL 命令行终端

8.2.3　MySQL 数据库常用命令

在完成 MySQL 数据库的安装后，可以使用 mysql –u root –p 命令登录到 MySQL 数据库中。如果是要登录到另外的机器上，则需要加入参数-h IP，例如：

mysql –h 59.64.132.185 –u root –p

下面通过一个例子来介绍常用 MySQL 语句对数据库的操作。

首先用上面介绍的命令登录到 MySQL 数据库，如图 8-22 所示。

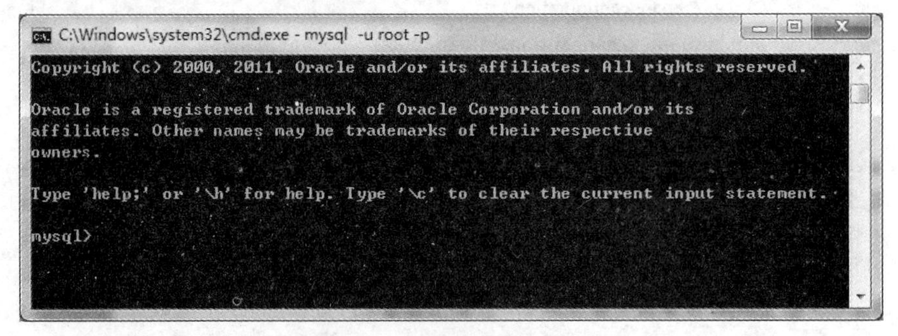

图 8-22　登录到 MySQL 数据库

☑ mysql>show databases;：可以看到当前的数据库列表。

☑ mysql>create database test_base;：创建一个名为 test_base 的数据库。再次输入 show databases;，可以看到列表中已经增加了一个刚才建立的 test_base 数据库。

☑ mysql>use test_base;：选择刚创建的数据库为默认数据库，出现“Database changed”说明操作成功。

☑ mysql>show tables;：显示当前数据库中表的情况。由于现在是一个空数据库，所以会出现“Empty set (0.00 sec)”的提示。

☑ mysql>create table user (id varchar(20) not null primary key, name varchar(20));：创建一个表 user，指定 id 为非空，且为主键。再次输入 show tables;就可以看到刚才建立的表格。

☑ mysql>describe user;：查看表 user 的具体结构，可以看到如图 8-23 所示的结果。

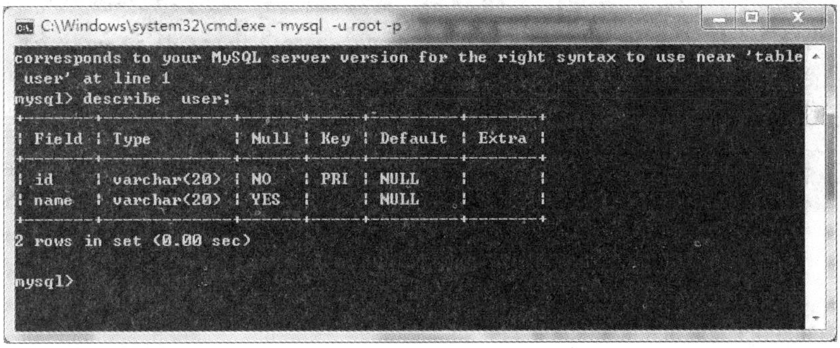

```
C:\Windows\system32\cmd.exe - mysql -u root -p
corresponds to your MySQL server version for the right syntax to use near 'table
 user' at line 1
mysql> describe  user;
+-------+-------------+------+-----+---------+-------+
| Field | Type        | Null | Key | Default | Extra |
+-------+-------------+------+-----+---------+-------+
| id    | varchar(20) | NO   | PRI | NULL    |       |
| name  | varchar(20) | YES  |     | NULL    |       |
+-------+-------------+------+-----+---------+-------+
2 rows in set (0.00 sec)

mysql>
```

图 8-23　user 表的结构图

☑ mysql>insert into user values("10001", "张三");：向 user 表格中插入一条记录。

☑ mysql>select * from user;：查询 user 表格中的信息。可以看到刚才插入的一条信息，如图 8-24 所示。

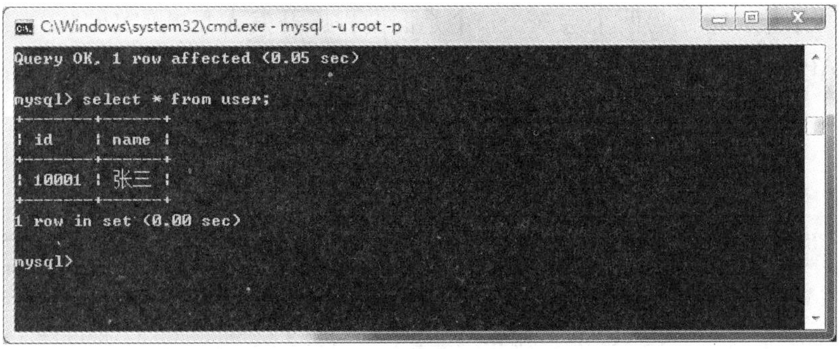

```
C:\Windows\system32\cmd.exe - mysql -u root -p
Query OK, 1 row affected (0.05 sec)

mysql> select * from user;
+-------+------+
| id    | name |
+-------+------+
| 10001 | 张三 |
+-------+------+
1 row in set (0.00 sec)

mysql>
```

图 8-24　查询新插入的信息

☑ mysql>update user set name="李四" where id="10001";：修改表中的数据。将 id 为“10001”的 name 设为“李四”，更新后再次查询可以看到表中的信息已经改变，如图 8-25 所示。

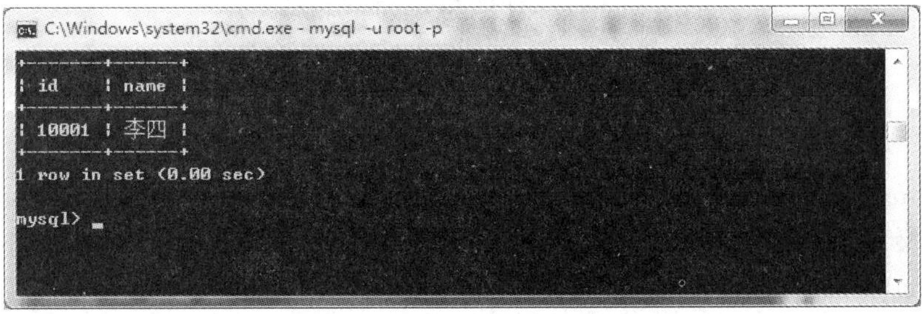

图 8-25　修改表中数据后的结果

☑ mysql>alter table user add salary double default '0';: 在 user 表中增加一个字段 salary，增加之后再次调用 describe 查看表格信息可以看到表格中已经增加了一个 salary 字段，默认值为 0，如图 8-26 所示。

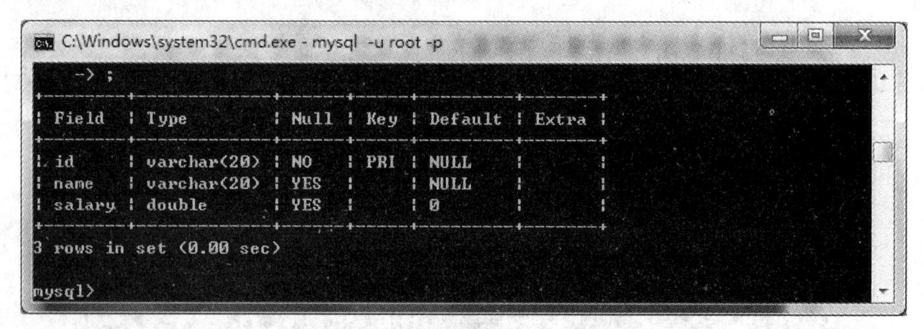

图 8-26　在表中增加字段后的结果

8.2.4　JDBC 中常用的接口

JDBC 向应用程序开发者提供独立于某种数据库的统一的 API。该 API 提供了编写的标准和考虑所有不同应用程序设计的标准，其特点在于该 API 是由一组驱动程序负责把标准的 JDBC 调用转变成其支持的具体数据库的调用。

JDBC API 是一系列抽象的接口，它使得应用程序员能够进行数据库连接，执行 SQL 声明，并且返回结果。它分为两个层次，一个是面向程序开发人员的 JDBC API，另一个是底层的 JDBC API，其功能结构图如图 8-27 所示。

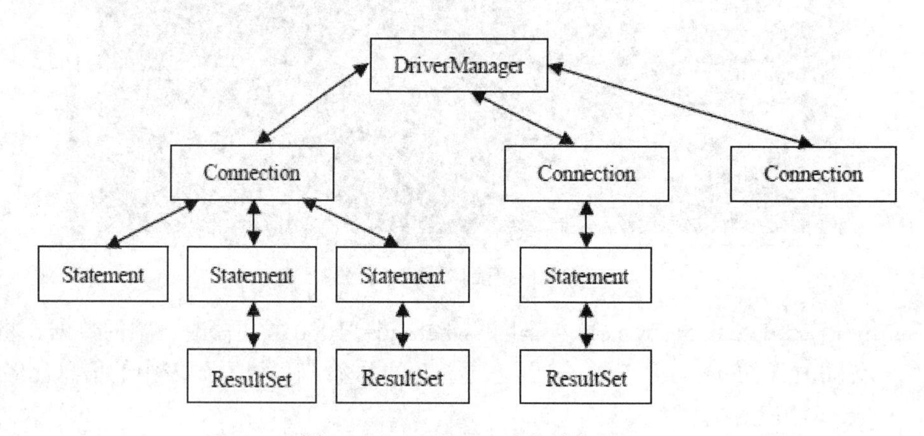

图 8-27　JDBC API 功能结构图

下面对一些常用的接口进行一一介绍。

1. Driver 接口

每种数据库的驱动程序都提供一个实现 java.sql.Driver 接口的类，简称 Driver 类来实现与数据库服务器的连接。在加载某一驱动程序的 Driver 类时，应该创建自己的实例并向 java.sql.DriverManager 类注册该实例。

通过 java.lang.Class 类的静态方法 forName(String className)可以加载欲连接的数据库

的 Driver 类。成功加载后，会将 Driver 类的实例注册到 DriverManager 类中。

2. DriverManager 类

java.sql.DriverManager 类负责管理 JDBC 驱动器的基本服务，是 JDBC 的管理层，作用于读者和驱动程序之间，负责跟踪可用的驱动程序，并在数据库与驱动程序之间建立连接。成功加载 Driver 类并在 DriverManager 类中注册后，DriverManager 类即可用来建立数据库连接。

通过 DriverManager 类的 getConnection()方法可以请求建立数据库连接。

3. Connection 接口

java.sql.Connection 接口代表与特定数据库的连接，在连接的上下文可以执行 SQL 语句并返回结果。在默认情况下，Connection 对象对于自动提交模式下，也就是说它在执行每个语句后都会自动提交更改。如果禁用自动提交模式，为了提交更改，必须显示调用 commit 方法，否则无法保存数据的更改。

4. Statement 接口

java.sql.Statement 接口用来执行静态的 SQL 语句，并返回执行的结果。例如，对于 insert、delete 和 update 语句，调用 executeQuery(String sql)方法，并返回一个永远不可能为 null 的 ResultSet 对象。

5. PreparedStatement 接口

java.sql.PrepareStatement 接口继承并扩展了 Statement 接口，用来执行动态的 SQL 语句，即包含参数的 SQL 语句。通过 PrepareStatement 实例执行的动态 SQL 语句将被预编译并保存在 PrepareStatement 实例中，从而可以反复并且高效地执行该 SQL 语句。

需要注意的是，在通过 setter()方法（setInt()、setLong()等）为 SQL 语句中的参数赋值时，建议利用与输入参数已定义的与 SQL 兼容的类型。例如，如果参数具有的 SQL 类型为 INTEGER，那么应该使用 setInt()为该参数赋值，也可以使用 setObject()为各种类型的参数赋值。

6. ResultSet 接口

java.sql.ResultSet 接口类似于一个数据表，通过该接口的实例可以获得检索的结果以及对应数据表的相关信息。ResultSet 实例通过执行查询数据库语句生成。

ResultSet 实例具有指向当前数据行的指针。最初指针被置于第一行记录之前，通过 next()方法可以将指针移动到下一行。如果下一行存在，则返回 true，否则返回 false，所以可以在 while 循环中来迭代结果集。默认的 ResultSet 对象不可更新，仅有一个向前移动的指针，因此只能迭代一次，并且只能按从第一行到最后一行的顺序进行。如果需要，可以生成可滚动和可更新的 ResultSet 实例。

ResultSet 接口提供了从当前行检索列值的获取方法。可以使用列的索引编号或列的名称来检索值。一般情况下，使用列索引比较高效。列索引从 1 开始编号，按照从左到右的顺序读取每行的结果集列，并且每列只能读取一次。使用列名称调用获取方法时，列名称不区分大小写，如果多个列具有这一名称，则返回第一个匹配列的值。对于没有在查询中显示命名的列，最好使用列编号。

8.2.5 JDBC 连接访问 MySQL 数据库

在利用程序访问数据库时，首先要加载数据的驱动程序，只需要在第一次访问数据库时加载一次，然后在每次访问数据库时创建一个 Connect 实例，紧接着执行操作数据库的 SQL 语句，并处理返回的结果集，最后在完成此次操作时销毁前面创建的 Connection 实例，释放与数据库的连接。下面分别对这些步骤进行介绍。

1. 加载 JDBC 驱动器

在连接数据库之前，首先要把 JDBC 驱动类加载到 Java 虚拟机中。利用 Java 访问 MySQL 数据库时，需要使用 mysql-connector-java-5.1.18-bin.jar 库，可以在 http://dev.mysql.com/downloads/connector/j/3.0.html 上免费下载 。

Java 语言提供了两种 JDBC 驱动程序的加载方式。

（1）使用 DriverManager 类加载

DriverManager 类是 JDBC 的驱动程序管理类，使用该类提供的 registerDriver()方法可加载 JDBC 驱动程序，其格式如下。

```
DriverManager.registerDriver(Driver driver);
```

其中，方法的参数是 Driver 类的实例。例如，要使用 MySQL 的 JDBC 桥接程序，可使用以下代码。

```
Driver driver = new com.mysql.jdbc.Driver();
DriverManager.registerDriver(driver);
```

（2）调用 Class.forNam()方法加载

另一种加载方法可以使用 java.lang.Class 类的静态方法 forName(String className)，成功加载之后会将加载的驱动类注册给 DriverManage 类，加载失败将抛出 ClassNotFoundException 异常。其格式如下。

```
Class.forName(String DriverName);
```

其中，参数 DriverName 是待加载字符串类型的驱动名称。例如，要使用 MySQL 的 JDBC 进行加载的代码如下。

```
try {
    Class.forName("com.mysql.jdbc.Driver");
}
catch (ClassNotFoundException e) {
    System.out.println(e.getMessage());
}
```

2. 创建数据库连接

DriverManager 类会跟踪已注册的程序，通过调用 DriverManager 类的静态方法 getConnection（String url, String user, String password）就可以建立与数据库的连接。其中 url 为连接数据库的路径。URL 的语法格式如下。

```
jdbc:<subprotocal>:[node]/[database]
```

其中各部分的含义如下。

☑ jdbc：指出要使用 JDBC。

☑ Subprotocal：定义驱动程序类型。

☑ Node：提供网络数据库的位置和端口号，后面跟可选的参数。

☑ Database：数据库标识符。

user 和 password 分别为连接的用户名和密码，该方法的返回值类型为 java.sql.Connection。当调用该方法时，它会搜索整个驱动程序列表，直到找到一个能够连接到数据库连接字符串指定的数据库的驱动程序为止。MySQL 数据库的连接代码如下。

```
try {
    Connection con = DriverManager.getConnection ("jdbc:mysql:localhost:3306/test", "user", "123456");
}
catch (SQLException e) {
    System.out.println(e.getMessage());
}
```

另外，通过数据源还可以设置/获取建立数据库连接的超时时间，以及设置/获取记录日志的打印流等。接口 javax.sql.DataSource 常用的成员方法如下。

```
Connection getConnection();                  //尝试建立到该对象所代表的数据源的数据库连接
Connection getConnection(String username,String password);
//尝试建立到该对象所代表的数据源的数据库连接
int getLoginTimeout();                       //获取登录超时时间
PrintWriter getLogWriter();                  //获取日志打印流
void setLoginTimeout(int seconds);           //设定登录超时
void setLogWriter(PrintWriter out);          //设定日志打印流
void setServerName(String ip);               //指定数据库服务器 IP 地址
void setDatabaseName(String databaseName);   //指定要使用的数据库名称
```

3. 执行 SQL 语句

在数据库成功建立连接之后，就可以使用该连接创建 Statement 实例，并将 SQL 语句传递给它所连接的数据库，并返回类型为 ResultSet 的对象。Statement 实例分以下为 3 种类型。

☑ Statement 实例：该类型的实例只能用来执行静态的 SQL 语句。

☑ PreparedStatement 实例：该类型的实例可以执行动态 SQL 语句。

☑ CallableStatement 实例：该类型的实例可以执行数据库的存储过程。

这 3 种 Statement 实例之间是继承的关系。PreparedStatement 继承了 Statement 并做了

相应的扩展，CallableStatement 则继承了 PreparedStatement 并做了扩展。

接口 java.sql.Connection 中常用的方法如下。

```
Statement createStatement();                          //创建 SQL 语句执行器
PreparedStatement prepareStatement(String sql);       //创建预编译的 SQL 语句执行器
CallableStatement prepareCall(String sql);            //创建访问存储过程的 SQL 语句执行器
DatabaseMetaData getMetaData();                       //获取数据库元数据
```

创建 Statement 实例来执行 SQL 语句的代码如下。

```
String sqlCommand = "select * from UserInfo where name=aa";
Statement state = con.createStatement();
ResultSet rs = state.executeQuery(sqlCommand);
```

创建 PreparedStatement 实例来执行 SQL 语句的代码如下。

```
String sqlCommand = "select * from UserInfo where name=?";
PreparedStatement state = con.prepareStatement(sqlCommand);
state.setString(1, "aa");
ResultSet rs = state.executeQuery();
```

4. 处理查询结果

对于返回的结果集，使用 ResultSet 对象的 next()方法将光标指向下一行，最初的光标位于第一行之前，因此第一次调用 next()方法时将光标置于第一行之上，如果达到结果集的末尾，则 ResultSet 的 next()方法会返回 false。getXXX()方法提供了获取当前行某一列的值的途径，列名或列号都可以用于表示要从中获取数据的列，列号从 1 开始编号。

java.sql.ResultSet 中常用的成员方法如下。

```
XXX getXXX(); //这里 XXX 表示各种数据类型，如 String、int 等，该方法获取类型为 XXX 的数据
XXX updateXXX();              //这里 XXX 表示各种数据类型，该方法更新类型为 XXX 的数据
void updateRow();             //将 ResultSet 中被更新过的行提交给数据库，更新数据库中对应的行
void deleteRow();             //删除 ResultSet 中当前行，并更新数据库
void insertRow();             //将 ResultSet 内部的缓冲区行插入到数据库中
void beforeFirst();           //让指针指向第一行的前面
void afterLast();             //让指针指向最后一行的后面
boolean next();               //让指针移动到下一行
boolean previous();           //让指针移动到前一行
boolean absolute(int row);    //让指针移动到第 row 行
boolean relative(int rows);   //让指针相对于当前行移动 rows 行
```

采用列名做参数处理结果集的具体代码如下。

```
while (rs.next()) {
    int salary = rs.getString("salary");
}
```

采用列号做参数处理结果集的具体代码如下。

```
while (rs.next()) {
    int salary = rs.getString(3);
}
```

5. 关闭连接

在建立 Connection、Statement 和 ResultSet 实例时，都需要占用一定的数据库和 JDBC 资源，所以每次访问数据库结束时，应该通过各个实例的 close()方法及时销毁这些实例，释放它们所占用的资源。关闭代码分别如下。

```
rs.close();
state.close();
con.close();
```

8.3 任务实现

首先用前面介绍的 MySQL 的常用指令建立一个 employee_info 数据库，然后再建立一个 employee 的员工信息表，用来保存员工信息。表格结构设定如表 8-1 所示。

表 8-1　employee 员工信息表结构

Field	Type	Null	Key	Default
id	varchar(20)	No	PRI	NULL
name	varchar(40)	Yes		NULL
type	varchar(10)	Yes		NULL
Salary	double	Yes		NULL

为了方便操作，再建立一个主窗口来选择要进行的操作（录入、查询）。最终的参考代码如下。

MainFrame.java:

```
1   import java.awt.*;
2   import java.awt.event.*;
3   import java.sql.*;
4   import javax.swing.*;
5
6   public class MainFrame extends JFrame{
7       private static final String driver = "com.mysql.jdbc.Driver";
8       private static final String url = "jdbc:mysql://localhost:3306/employee_info";
9       private static final String user = "root";
10      private static final String passwd = "123456";
11      public static java.sql.Connection con;
12      static {
13          try {
14              Class.forName(driver);
```

```
15                  con = DriverManager.getConnection(url, user, passwd);
16                  if (!con.isClosed())
17                       System.out.println("Connect to database succeed");
18             }
19             catch (Exception e) {
20                  System.out.println("Error:" + e);
21             }
22        }
23
24        private final String imgPath = "image/human.png";
25        private JLabel imgLabel;
26        private JPanel btnPanel = new JPanel();
27        private JButton insertBtn = new JButton("添加", new ImageIcon("imagc/add.png"));
28        private JButton queryBtn = new JButton("查询", new ImageIcon("image/query.png"));
29        public MainFrame() {
30             super("员工信息管理系统");
31             imgLabel = new JLabel(new ImageIcon(imgPath));
32             btnPanel.setLayout(new FlowLayout());
33             btnPanel.add(insertBtn);
34             btnPanel.add(queryBtn);
35             this.add(imgLabel, BorderLayout.NORTH);
36             this.add(btnPanel, BorderLayout.CENTER);
37             this.setVisible(true);
38             this.setBounds(100, 100, 400, 400);
39             this.setDefaultCloseOperation(JFrame.EXIT_ON_CLOSE);
40
41             insertBtn.addActionListener(new ActionListener()
42             {
43               public void actionPerformed(ActionEvent arg0) {
44                      new InsertFrame();
45               }
46             });
47             queryBtn.addActionListener(new ActionListener()
48             {
49               public void actionPerformed(ActionEvent e) {
50                      new QueryFrame();
51               }
52             });
53        }
54        public static void main (String [] args) {
55             new MainFrame();
56        }
57   }
```

InsertFrame.java:

```
1   import java.awt.*;
2   import java.awt.event.*;
3   import java.sql.*;
4   import javax.swing.*;
```

```
5
6  public class InsertFrame extends JFrame{
7      JLabel idLabel = new JLabel("ID:");
8      JLabel nameLabel = new JLabel("姓名:");
9      JLabel typeLabel = new JLabel("类型:");
10     JLabel salaryLabel = new JLabel("月薪:");
11     JButton addBtn = new JButton("添加", new ImageIcon ("image/add_1.png"));
12     JButton cancelBtn = new JButton("取消", new ImageIcon ("image/cancel.png"));
13     JTextField idField = new JTextField(8);
14     JTextField nameField = new JTextField(8);
15     JTextField salaryField = new JTextField(8);
16     JComboBox typeBox = new JComboBox();
17     JPanel panel = new JPanel();
18     JPanel btnPanel = new JPanel();
19
20     public InsertFrame() {
21       super("员工信息管理");
22         this.setLayout(null);
23         typeBox.addItem("合同制");
24         typeBox.addItem("临时");
25         panel.setLayout(new GridLayout(4, 2, 20, 10));
26         panel.add(idLabel);
27         panel.add(idField);
28         panel.add(nameLabel);
29         panel.add(nameField);
30         panel.add(typeLabel);
31         panel.add(typeBox);
32         panel.add(salaryLabel);
33         panel.add(salaryField);
34         btnPanel.setLayout(new FlowLayout());
35         btnPanel.add(addBtn);
36         btnPanel.add(cancelBtn);
37         panel.setBounds(10, 10, 240, 140);
38         btnPanel.setBounds(40, 170, 200, 40);
39         addBtn.addActionListener(new AddButtonListener());
40         typeBox.addItemListener(new ItemListener() {
41             public void itemStateChanged(ItemEvent e) {
42                 if (e.getStateChange() == ItemEvent.SELECTED) {
43                     JComboBox jcb = (JComboBox)e.getSource();
44                     String selectedItem = jcb.getSelectedItem().toString();
45                     if (selectedItem.equals("合同制"))
46                         salaryLabel.setText("月薪:");
47                     else
48                         salaryLabel.setText("日薪:");
49                 }
50             }
51         });
52         cancelBtn.addActionListener(new ActionListener() {
53             public void actionPerformed(ActionEvent e) {
```

```
54                      dispose();
55                  }
56              });
57              this.add(panel, BorderLayout.CENTER);
58              this.add(btnPanel, BorderLayout.SOUTH);
59              this.setBounds(100, 100, 300, 300);
60              this.setVisible(true);
61              this.setDefaultCloseOperation(JFrame.EXIT_ON_CLOSE);
62          }
63
64          class AddButtonListener implements ActionListener
65          {
66            public void actionPerformed(ActionEvent arg0) {
67                  String id = idField.getText();
68                  String name = nameField.getText();
69                  String type = typeBox.getSelectedItem().toString();
70                  String salary = salaryField.getText();
71                  if (id.equals("") || name.equals("") || salary.equals("")) {
72                      JOptionPane.showMessageDialog(InsertFrame.this, "请输入完整信息",
73                              "提示",JOptionPane.ERROR_MESSAGE);
74                      return;
75                  }
76                  double salary_d = Double.parseDouble(salary);
77                  try {
78                      Statement state = MainFrame.con.createStatement();
79                      state.executeUpdate("insert into employee values('"+id+"', '"+name+"'," +
80                          "'"+type+"', '"+salary_d+"')");
81                      JOptionPane.showMessageDialog(InsertFrame.this, "添加 s 成功",
82                              "提示",JOptionPane.INFORMATION_MESSAGE);
83                  }
84                  catch (SQLException ex) {
85                      ex.printStackTrace();
86                  }
87            }
88          }
89  }
```

QueryFrame.java:

```
1   import java.awt.*;
2   import java.awt.event.*;
3   import java.sql.*;
4   import javax.swing.*;
5   import javax.swing.event.*;
6   import javax.swing.table.*;
7
8   public class QueryFrame extends JFrame{
9       JLabel idLabel = new JLabel("ID:");
10        JLabel nameLabel = new JLabel("姓名:");
11        JLabel typeLabel = new JLabel("类型:");
```

```
12        JLabel salaryLabel = new JLabel("月薪:");
13        JButton addBtn = new JButton("查询", new ImageIcon("image/query_1.png"));
14        JButton deleteBtn = new JButton("删除", new ImageIcon("image/delete.png"));
15        JTextField idField = new JTextField(8);
16        JTextField nameField = new JTextField(8);
17        JTextField salaryField = new JTextField(8);
18        JComboBox typeBox = new JComboBox();
19        SalaryTableModel model = null;
20        JScrollPane scrollPane = null;
21        JPanel panel = new JPanel();
22        JPanel svPanel = new JPanel();
23        ResultSet rs = null;
24        JTable table = null;
25
26        public QueryFrame() {
27           super("员工信息管理");
28             typeBox.addItem("Both");
29             typeBox.addItem("合同制");
30             typeBox.addItem("临时");
31             panel.setLayout(new FlowLayout());
32             panel.add(idLabel);
33             panel.add(idField);
34             panel.add(nameLabel);
35             panel.add(nameField);
36             panel.add(typeLabel);
37             panel.add(typeBox);
38             panel.add(salaryLabel);
39             panel.add(salaryField);
40             panel.add(addBtn);
41             svPanel.add(deleteBtn);
42             addBtn.addActionListener(new ButtonListener());
43             deleteBtn.addActionListener(new ButtonListener());
44             typeBox.addItemListener(new ItemListener() {
45                  public void itemStateChanged(ItemEvent e) {
46                       if (e.getStateChange() == ItemEvent.SELECTED) {
47                            JComboBox jcb = (JComboBox)e.getSource();
48                            String selectedItem = jcb.getSelectedItem().toString();
49                            if (selectedItem.equals("合同制"))
50                                 salaryLabel.setText("月薪:");
51                            else
52                                 salaryLabel.setText("日薪:");
53                       }
54                  }
55             });
56             this.add(panel, BorderLayout.NORTH);
57             this.add(svPanel, BorderLayout.SOUTH);
58             this.setBounds(100, 100, 620, 320);
59             this.setVisible(true);
60        }
```

```
61
62      class ButtonListener implements ActionListener
63      {
64          public void showResultTable() {
65              if (scrollPane != null) remove(scrollPane);
66              String id = idField.getText();
67              String name = nameField.getText();
68              String type = typeBox.getSelectedItem().toString();
69              String salary = salaryField.getText();
70              boolean isLimited = false;
71              String sqlCommand = "select * from employee";
72              if (!id.equals("")) {
73                  isLimited = true;
74                  sqlCommand += " where id='"+id+"'";
75              }
76              if (!name.equals("")) {
77                  if (!isLimited)
78                      sqlCommand += " where name='"+name+"'";
79                  else
80                      sqlCommand += " and name='"+name+"'";
81              }
82              if (!type.equals("Both")) {
83                  if (!isLimited)
84                      sqlCommand += " where type='"+type+"'";
85                  else
86                      sqlCommand += " and type='"+type+"'";
87              }
88              if (!salary.equals("")) {
89                  double salary_d = Double.parseDouble(salary);
90                  if (!isLimited)
91                      sqlCommand += " where salary='"+salary_d+"'";
92                  else
93                      sqlCommand += " and salary='"+salary_d+"'";
94              }
95              try {
96                  if (rs != null) rs.close();
97                  Statement state = MainFrame.con.createStatement();
98                  rs = state.executeQuery(sqlCommand);
99                  model = new SalaryTableModel(rs);
100                 model.addTableModelListener(new TableModelListener() {
101                     public void tableChanged(TableModelEvent e) {
102                         System.out.println(e.getLastRow()+" " +  e.getColumn());
103                     }
104                 });
105                 table = new JTable(model);
106                 scrollPane = new JScrollPane(table);
107                 add(scrollPane, BorderLayout.CENTER);
```

```
108                    validate();
109                }
110                catch (SQLException ex) {
111                    ex.printStackTrace();
112                }
113            }
114            public void actionPerformed(ActionEvent e) {
115                String cmd = e.getActionCommand();
116                if (cmd.equals("查询")) {
117                    showResultTable();
118                }
119                else if (cmd.equals("删除")) {
120                    int rowSelected = table.getSelectedRow();
121                    String id = (String)model.getValueAt(rowSelected, 0);
122                    String sqlCommand = "delete from employee where id='"+id+"'";
123                    try {
124                        Statement state = MainFrame.con.createStatement();
125                        state.executeUpdate(sqlCommand);
126                        showResultTable();
127                    }
128                    catch (SQLException ex) {
129                        ex.printStackTrace();
130                    }
131                }
132            }
133        }
134    }
135
136    class SalaryTableModel extends AbstractTableModel
137    {
138        private ResultSet rs;
139        private ResultSetMetaData rsmd;
140        private String[] columnName = {"ID", "姓名", "类型", "薪水"};
141
142        public SalaryTableModel(ResultSet rs) {
143            this.rs = rs;
144            try {
145                rsmd = this.rs.getMetaData();
146            }
147            catch (SQLException e) {
148                e.printStackTrace();
149            }
150        }
151        public int getRowCount() {
152            try {
153                rs.last();
154                return rs.getRow();
```

```
155            }
156            catch (SQLException e) {
157                e.printStackTrace();
158                return 0;
159            }
160        }
161        public int getColumnCount() {
162            return 4;
163        }
164        public Object getValueAt(int row, int col) {
165            try {
166                rs.absolute(row+1);
167                return rs.getObject(col+1);
168            }
169            catch (SQLException e) {
170                e.printStackTrace();
171                return null;
172            }
173        }
174        public String getColumnName(int col) {
175            return columnName[col];
176        }
177        public boolean isCellEditable(int row, int col) {
178            return false;
179        }
180    }
```

Employee.java、TempEmployee.java 和 ContractEmpployee.java 与第 7 章相同。程序运行结果如图 8-28～图 8-30 所示。

图 8-28　系统主界面

图 8-29　录入员工信息界面

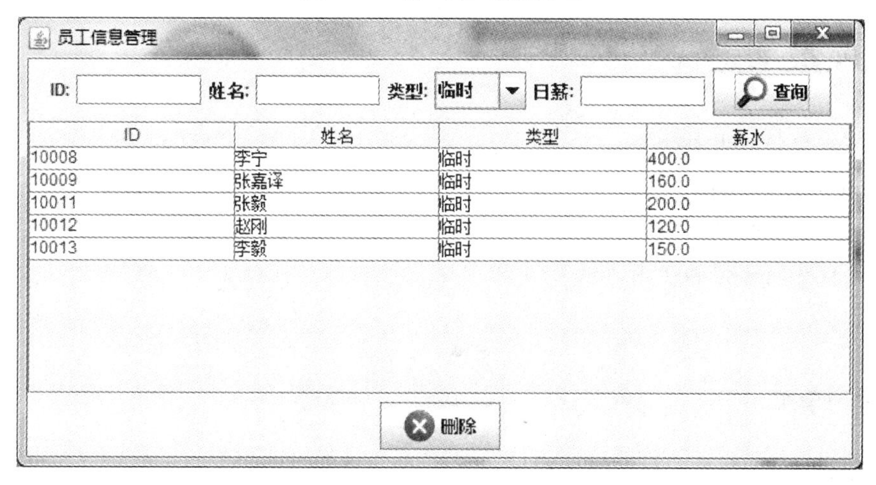

图 8-30　查询和删除界面

第9章 彩球飘飘

知识点、技能点

- 多线程的基本概念
- Java 多线程的实现方法
- Java 多线程的同步
- 线程之间通信的常用方法

学习要求

- 了解多线程的基本概念
- 掌握和了解 Java 多线程的两种实现方式
- 掌握和了解多线程的同步方法
- 了解多线程之间的通信

教学基础要求

- 掌握 Java 多线程的编程方法
- 掌握 Java 多线程的同步方法

9.1 任务预览

本章将用多线程来实现“彩球飘飘”的程序效果。在程序的主界面有多个彩色的球自由运动，每个球的运动速度可以不同，如图 9-1 所示。

图 9-1 “彩球飘飘”程序效果

9.2 相关知识

9.2.1 多线程的基本概念

1. 程序、进程与线程

程序是一段静态的代码，它是应用软件执行的蓝本。平常所说的多任务就是在操作系统中同时运行几个相同或不相同的应用程序，每个程序占用一个进程。

进程是程序的一次动态执行过程，它对应从代码加载、执行到执行完毕的一个完整过程，这个过程也是进程本身从产生、发展到消亡的过程。作为执行蓝本的同一段程序，可以被多次加载到系统的不同内存区域分别执行，形成不同的进程。线程是比进程更小的执行单位。一个进程在其执行过程中，可以产生多个线程，形成多条执行线索。线程也有它自身的产生、执行和消亡的过程，也是一个动态的概念。

每个进程都有一段专有的内存区域，即使是多次启动同一段程序产生的程序副本也是如此。所谓的同时运行进程，其实是指由操作系统将系统资源分别分给各个进程，每个进程在 CPU 内交替运行，每个进程占有不同的内存空间，内存消耗很大，这使系统在不同的程序之间切换时开销很大，进程之间的通信速度很慢。

与进程占有不同内存空间不同的是，同一进程的各线程之间可以共享相同的内存空间，并利用这些共享内存来完成数据交换、实时通信以及必要的同步工作。由于可以共享内存，所以各线程之间的通信速度很快，线程之间进行切换占用的系统资源也较少。

多任务与多线程是两个不同的概念。前者是针对操作系统而言的，表示操作系统可以同时运行多个应用程序；后者是针对一个程序而言的，表示在一个程序内部可以同时执行多个线程。

2. 多线程的特点

线程（thread）为程序进程（process）里单一而连续的控制流程。一般的程序只有一个线程，但 Java 程序允许多个线程同时执行，称为多重线程。线程是一种新颖而有力的设计技巧，因为多处理器技术和主从结构计算机的日渐普及而更受重视，也可以说线程是一种无法避免的程序设计方向。一般的 Java 程序中只有一个 main 线程，称为单线程执行模式，但 Java 的虚拟机允许一个应用程序拥有许多个线程同时执行。

多个线程共存于同一块内存空间中，且共享系统资源。CPU 是通过将工作时间划分为多个时间片段来处理多个线程的，由于 CPU 在各个线程间的切换速度非常快，以致用户根本感觉不到而可以认为它们是同时运行的。多线程在同时执行时，系统可以自动在各个线程之间切换。例如，当一个正在处理数据输入或输出的线程因为阻塞而停止执行时，其他的线程仍然在继续执行。这样在相同的时间内，多线程就可以完成更多的工作。

因为多线程位于同一块内存中，所以线程间的通信是十分容易的，在后面会讲到如何实现这一点。但同时，这也带来了另一个问题，在某个线程中的操作是有可能影响到其他的线程，例如，它们都对同一个变量的值进行修改时，就容易产生冲突。在编程时需要特别注意这个问题。

3. Java 的多线程功能

在 Java 语言中，线程也是作为一个对象来创建的。Java 定义一个 Thread 类和一个接口 Runnable，线程对象所属的类不是 Thread 类的子类，就是实现了接口 Runnable 的类。在 Thread 类中，Java 定义了许多方法来控制线程的执行，如启动、中止、恢复以及其他一些相关的处理。

每个线程都有一个优先值（priority），优先级为 0～10 的整数。Java 的解释器根据线程的优先级来决定多个线程间的切换。当多个线程同时执行时，具有高优先级的线程将获得较多的 CPU 时间片段，而优先级较低的线程获得的 CPU 时间片段也较少。这样，就可以通过改变线程的优先级来获得更高的执行效率，例如，给那些处理数据输入输出的线程较低的优先级，而给那些进行大量数值计算的线程较高的优先级。当然，优先级只代表了线程间的相对关系。对于一个单独执行的线程设置优先级没有意义。

因为多线程共存于一块内存空间且分享一组系统资源，所以很可能在同时运行时互相影响而导致冲突，这就需要一种协调资源的方法。Java 定义了一个关键字 synchronized，它可以保护共享变量或方法，以使每次只能有一个线程访问它们，从而实现同步化。

对于多线程间的通信，Java 定义了 wait 和 notify 方法来实现一种简单的通信机制。另外，利用 PipedInputStream 类和 PipedOutputStream 类还可以建立起线程间的数据传输通道。

9.2.2　Java 多线程机制

构造线程类的方式主要有两种：一种是通过构造 Thread 类的子类；另一种是通过构造实现接口 Runnable 的类。实际上，Thread 类也是实现了接口 Runnable 的类，所以上面两种构造线程类的方法从本质上都是构造实现接口 Runnable 的类。

1. 继承 Thread 类

Thread 类的每个实例对象就是 Java 程序的一个线程，所以 Thread 类的子类的实例对象也是 Java 程序的一个线程。因此，构造 Java 程序可以通过构造 Thread 类的子类的实例对象来实现。要构造 Thread 类的子类的实例对象，首先需要构造出 Thread 类的子类，主要目的是为了让线程类的实例对象能够完成线程程序所需要的功能。

通过这种方法构造出来的线程在程序执行时的代码被封装在 Thread 类或其子类的成员方法 run()中。为了使新构造出来的线程类能够完成所需要的功能，新构造出来的线程类（即 Thread 类的子类）应覆盖 Thread 类的成员方法 run()。通过继承 Thread 类创建线程的语法格式如下。

```
class <ClassName> extends Thread {
    public void run() {
        …                           //线程执行代码
    }
}
```

虽然线程的执行代码在成员方法 run()中，但是启动或运行线程并不是直接调用成员方法 run()，而是调用成员方法 start()。调用成员方法 start()之后，Java 虚拟机就会自动启动线程。这样该线程就有可能与其他线程一起并发地运行。是否开始或何时开始运行该线程要由 Java 虚拟机进行调度。线程的运行实际上就是执行线程的成员方法 run()。

一般来说，编写 Java 程序不会直接调用线程类的成员方法 run()，而是通过调用线程类的成员方法 start()达到间接调用 run()的目的。

下面是一个通过继承 Thread 类来创建线程的例子。

【例 9.1】

TestThread.java:

```
1  public class TestThread extends Thread{
2      public void run() {
3          for (int i = 0; i < 10 ; i++)
4          {
5              System.out.println("子线程中...");
6              try {
7                  Thread.sleep(100);
8              } catch (InterruptedException e) {
```

```
9                          System.out.println(e.getMessage());
10                    }
11                }
12        }
13
14        public static void main (String [] args)
15        {
16            TestThread test = new TestThread();
17            test.start();
18            for (int i = 0; i < 10; i++) {
19                System.out.println("主线程中...");
20                try {
21                    Thread.sleep(100);
22                } catch (InterruptedException e) {
23                    System.out.println(e.getMessage());
24                }
25            }
26        }
27    }
```

程序运行的部分结果：

```
主线程中...
子线程中...
主线程中...
子线程中...
主线程中...
子线程中...
子线程中...
```

在上面的程序中，第 2 行覆盖了 Thread 类的 run()方法，第 17 行利用 start()方法启动了一个子线程。最后从结果可以看出，输出会在子线程和主线程之间交替轮转。

2. 实现 Runnable 接口

由于 Java 规定类只能继承一个类，对于 Applet 程序而言会造成一些困扰，因为 Applet 程序已经继承于 Applet 类，不能再继承其他的类了，因此必须用间接的方式产生线程，而不能使用 new Thread()方法。通过接口 Runnable 的实现方法是解决在构造线程过程中可能出现的多重继承问题的有效解决方法。通过实现 Runnable 接口创建线程的语法格式如下。

```
class <ClassName> implements Runnable{
    public void run() {
        ...                          //线程执行代码
    }
}
```

与通过类 Thread 构造线程的方法类似，通过接口 Runnable 的方法构造出来的线程的执行代码也是封装在成员方法 run()中的。在此定义一个实现接口 Runnable 的类，在该类中定义 run()方法，然后以该类的实例对象为参数调用 Thread 类的构造方法创建一个线程对象，最后通过调用 Thread 类的实例对象的 start()方法启动线程。

【例 9.2】

TestRunnable.java:

```
1  public class TestRunnable implements Runnable {
2      public void run() {
3          for (int i = 0; i < 10 ; i++)
4          {
5              System.out.println("子线程中...");
6              try {
7                  Thread.sleep(100);
8              } catch (InterruptedException e) {
9                  System.out.println(e.getMessage());
10             }
11         }
12     }
13
14     public static void main (String [] args)
15     {
16         TestRunnable test = new TestRunnable();
17         Thread t = new Thread(test);
18         t.start();
19         for (int i = 0; i < 10; i++) {
20             System.out.println("主线程中...");
21             try {
22                 Thread.sleep(100);
23             } catch (InterruptedException e) {
24                 System.out.println(e.getMessage());
25             }
26         }
27     }
28 }
```

程序运行的部分结果：

```
主线程中...
子线程中...
子线程中...
主线程中...
主线程中...
```

在上面的程序中，TestRunnable 类实现了 Runnable 接口，然后在第 2 行实现了 run()方法。在第 16 行定义了一个 TestRunnable 的对象 test，然后在第 17 行以 test 建立了一个线程 t，然后利用 start()方法启动它。

9.2.3　线程的同步

一个多线程程序往往需要在线程之间共用资源，如数据或外部设备等。这样，线程之间就不再是相互独立的。这就要求线程在运行时能够协调地配合，而不应当相互干扰。例如，同一时刻一个线程在读取数据，另外一个线程在处理数据，当处理数据的线程没有等到读取数据的线程读取完毕就去处理数据时，必然会得到错误的处理结果。线程间的同步处理就是为了使多个线程协调地并发工作。如果采用多线程同步控制机制，等到第一个线程读取完数据，第二个线程才处理该数据，就能避免错误。对线程进行同步处理可以通过同步方法和同步语句实现。Java 虚拟机是通过对资源加锁的方式实现这两种同步方式的。这样就有可能造成程序死锁（即程序中的各个线程都处于阻塞态或等待态）。线程同步是多线程编程中的一个既重要又复杂的技术。良好的程序设计应当设法避开这种死锁问题。

在一个对象中，用 synchronized 声明的方法称为同步方法。Java 中有一个同步模型——监视器，负责管理线程对象中的同步方法的访问，它的原理是授予该对象唯一一把“钥匙”，当多个线程进入对象时，只是取得该对象钥匙，其他等待的线程抢占该钥匙，抢占到钥匙后的线程才可以执行，而没有取得钥匙的线程仍被阻塞在该对象中等待。

1. 同步方法

对类的成员方法进行同步是对线程进行同步处理的最基本方法，在 Java 语言中称为同步方法。在线程同步中，最经典的就是生产者与消费者模型。

假如在程序中定义一个仓库类 Storage，该类的实例对象相当于仓库，在 Storage 类中定义两个成员方法：input()用于往仓库中添加产品；output()用于减少产品。然后定义一个 Producer 类，在它的 run()方法中调用 input() 方法向仓库添加产品，再定义一个 Consumer 类，在它的 run()方法中调用 output()方法减少仓库的产品。

如果 input()方法和 output ()方法不同步（Producer 和 Consumer 在不同的线程），则可能出现以下情况：Consumer 在一直取产品，但是在它取得的同时 Producer 又往仓库中添加了产品，从而导致在 Consumer 和 Producer 两边的数据不一致，因此需要使用 synchronized 将 input()和 output()方法设置为同步方法，代码如下。

【例 9.3】

Storage.java:

```
1  class Storage {
2      private int productNum;
3      public Storage(int num) {
4          productNum =   num;
5      }
6      public synchronized void input(int num) {
7          productNum += num;
8          System.out.println("加入" + num + "件产品，剩余" + productNum);
9      }
10     public synchronized void output(int num) {
11         if (productNum >= num) {
12             productNum -= num;
13             System.out.println("减少" + num + "件产品，剩余" + productNum);
14         }
15     }
16 }
```

Producer.java:

```
1  class Producer extends Thread
2  {
3      Storage store;
4      public Producer(Storage store) {
5          this.store = store;
6      }
7      public void run()
8      {
9          try {
10             for (int i = 0; i < 10; i++) {
11                 store.input(2);
12                 Thread.sleep(200);
13             }
14         }
15         catch (Exception e) {
16             System.out.println(e.getMessage());
17         }
18     }
19 }
```

Consumer.java:

```
1  class Consumer extends Thread
2  {
3      Storage store;
4      public Consumer(Storage store) {
5          this.store = store;
6      }
7      public void run()
8      {
9          try {
10             for (int i = 0; i < 10; i++) {
11                 store.output(3);
12                 Thread.sleep(200);
13             }
14         }
15         catch (Exception e) {
16             System.out.println(e.getMessage());
17         }
18     }
19 }
```

TestThreadSyn.java:

```
1  public class TestThreadSyn {
2      public static void main (String [] args)
3      {
4          Storage store = new Storage(100);
```

```
5            System.out.println("原始产品数: 100");
6            Producer p = new Producer(store);
7            Consumer c = new Consumer(store);
8            p.start();
9            c.start();
10       }
11   }
```

输出结果：

```
原始产品数: 100
加入 2 件产品，剩余 102
减少 3 件产品，剩余 99
加入 2 件产品，剩余 101
减少 3 件产品，剩余 98
减少 3 件产品，剩余 95
加入 2 件产品，剩余 97
加入 2 件产品，剩余 99
减少 3 件产品，剩余 96
减少 3 件产品，剩余 93
加入 2 件产品，剩余 95
加入 2 件产品，剩余 97
减少 3 件产品，剩余 94
减少 3 件产品，剩余 91
加入 2 件产品，剩余 93
减少 3 件产品，剩余 90
加入 2 件产品，剩余 92
加入 2 件产品，剩余 94
减少 3 件产品，剩余 91
减少 3 件产品，剩余 88
加入 2 件产品，剩余 90
```

从上面的运行结果可以看出 Producer 和 Consumer 的数据是同步的。

2. 同步语句

对数据进行同步处理，除了同步方法之外，还有同步语句。同步语句的格式如下。

```
synchronized (引用类型的表达式)
{
    语句块
}
```

当执行到同步语句中的语句块时，引用类型的表达式所指向的对象就会被锁住，不允许其他线程对其进行访问，即当前的线程独占该对象。当同步语句中的语句块执行完毕之后，引用类型的表达式所指向的对象就会被解锁，其他线程才可以对该对象进行访问，可以看出，同步处理在一定程度上表现为对资源的独占性。

将上面仓库的例子用同步语句实现，只需要将 Storage 类的 input()方法和 output()方法的 synchronized 关键字去掉，然后对 Producer 类和 Consumer 类的 run()方法做如下的修改即可。

Consumer 类的 run()方法：

```
public void run()
{
    try {
        for (int i = 0; i < 10; i++) {
            synchronized(store)
            {store.output(3);}
            Thread.sleep(200);
        }
    }
    catch (Exception e) {
        System.out.println(e.getMessage());
    }
}
```

Producer 类的 run()方法：

```
public void run()
{
    try {
        for (int i = 0; i < 10; i++) {
            synchronized(store)
            { store.input(2); }
            Thread.sleep(200);
        }
    }
    catch (Exception e) {
        System.out.println(e.getMessage());
    }
}
```

本例中在进行生产和销售时，对仓库对象 store 通过同步语句加锁，不会出现销售部门和生产部门同时操纵库存数据的问题。

9.2.4　线程的通信

线程之间交换信息称为线程通信，wait()和 notify()方法是 Java 采用的一种简单的线程间通信机制，利用它们，彼此间只传送一个信号。线程之间要传送的数据较多时，必须使用其他方式，如共享主存、管道流等通信方式。

1. 主存读/写通信

借助 Java 提供的主存读/写机制可实现多个线程相互间的通信。java.io 中定义 ByteArrayInputStream 类（字节数组输入流）、ByteArrayOutputStream 类（字节数组输出流）和 StringBufferInputStream 类（字符串缓冲输入流）。

使用 ByteArrayInputStream 类可以从字节数组中读取数据，字节数组输入流的初始化是在给定字节数组上完成的。使用 ByteArrayOutputStream 类可以向内存字节数组写入数据。

类中提供了缓冲区以存放数据，并且该缓冲区的大小可随着数据写入而自动增加。

StringBufferInputStream 类和 ByteArrayInputStream 类基本类似，不同点只是 StringBufferInputStream 类从字符串缓冲区 StringBuffer 中读取 16 位的 Unicode 数据，而不是 8 位的字节数据。

2. 管道流通信

管道用来把一个程序的输出连接到另一个程序的输入。java.io 中提供了 PipedInputStream 和 PipedOutputStream 作为管道的输入/输出部件，在使用管道前，管道输入/输出必须要进行连接。PipedOutputStream 中提供了下面的一些连接方法：在构造方法中，将对应的管道输出/输入流作为参数以进行连接；还可用方法 connect()对管道输入/输出流进行相应的连接。

下面是一个利用管道来实现线程通信的例子。

【例 9.4】

Sender.java:

```
1   import java.io.File;
2   import java.io.FileInputStream;
3   import java.io.IOException;
4   import java.io.PipedOutputStream;
5
6   public class Sender extends Thread{
7       PipedOutputStream pos;
8       File file;
9
10      public Sender(PipedOutputStream pos, String fileName) {
11          this.pos = pos;
12          this.file = new File(fileName);
13      }
14      public void run()
15      {
16          try {
17              FileInputStream in = new FileInputStream(file);
18              int data;
19              while ((data = in.read()) != -1) {
20                  pos.write(data);
21                  System.out.println("Send:" + data);
22              }
23              in.close();
24          }
25          catch (IOException e) {
26              System.out.println(e.getMessage());
27          }
28      }
29  }
```

Receiver.java:

```
1   import java.io.File;
```

```
2  import java.io.FileOutputStream;
3  import java.io.IOException;
4  import java.io.PipedInputStream;
5
6  public class Receiver extends Thread{
7      PipedInputStream pis;
8      File file;
9
10      public Receiver(PipedInputStream pis, String fileName) {
11          this.pis = pis;
12          this.file = new File(fileName);
13      }
14      public void run()
15      {
16          try {
17              FileOutputStream fos = new FileOutputStream(file);
18              int data;
19              while ((data = pis.read()) != -1) {
20                  fos.write(data);
21                  System.out.println("Receive:" + data);
22              }
23              fos.close();
24          }
25          catch (IOException e) {
26              System.out.println(e.getMessage());
27          }
28      }
29  }
```

TestPipeIO.java:

```
1  import java.io.IOException;
2  import java.io.PipedInputStream;
3  import java.io.PipedOutputStream;
4
5  public class TestPipeIO {
6      public static void main (String [] args)
7      {
8          try {
9              PipedInputStream pis = new PipedInputStream();
10              PipedOutputStream pos = new PipedOutputStream();
11              pos.connect(pis);
12              new Sender(pos, "send.txt").start();
13              new Receiver(pis, "receive.txt").start();
14          }
15          catch (IOException e) {
16              System.out.println(e.getMessage());
17          }
18      }
19  }
```

send.txt:

```
Hello
```

输出结果：

```
Send:72
Receive:72
Send:101
Send:108
Send:108
Send:111
Receive:101
Receive:108
Receive:108
Receive:111
Write end dead
```

receive.txt:

```
Hello
```

在上面的程序运行后，Sender 线程不停地从 send.txt 文件中读出数据送到管道输出流 pos，Receiver 线程不停地从管道输入流 in 读数据写入到文件 receive.txt 中，运行结果表明两个线程是同步、交叉进行的，最后的结果是 receive.txt 的内容与 send.txt 文件相同。

9.3 任务实现

可以通过重写 JFrame 的 paint()方法来绘制彩球，Graphics 的 fillOval(int x, int y, int witdth, int height)方法可用来绘制一个椭圆形。根据彩球的数量，设定线程的数量。在每个线程移动自己的球的位置，然后 sleep 一段时间，通过设定每个线程 sleep 时间的不同实现每个彩球的速度不同。还有一点需要注意彩球在碰到窗口边缘时需要反弹，如果碰的是左右边缘，则碰后的球走的角度为 angle = 360+180−angle，如果碰的是上下的边缘，则碰后的角度为 angle = 360–angle。参考代码如下。

ColorBall.java:

```
1   import javax.swing.*;
2   import java.awt.*;
3   import java.util.*;
4
5   public class ColorBall extends JFrame{
6       Image backImage, foreImage;
7       int width, height;
8       int innerWidth, innerHeight;
9       Random rand = new Random();
10      final int BORDER_W = 8;
11      final int BORDER_H = 30;
```

```
12      final int BALL_NUM = 4;
13      final int STEP = 10;
14      Point[] center = new Point[BALL_NUM];
15      Color[] color = new Color[BALL_NUM];
16      int[] angle = new int[BALL_NUM];
17
18      public ColorBall() {
19          super("彩球飘飘");
20          this.setBounds(100, 100, 500, 500);
21          this.setDefaultCloseOperation(JFrame.EXIT_ON_CLOSE);
22          Toolkit tookit = Toolkit.getDefaultToolkit();
23          backImage = tookit.createImage("image/back.jpg");
24          width = 50;
25          height = 50;
26          this.setVisible(true);
27
28          innerWidth = this.getWidth() -width - BORDER_W;
29          innerHeight = this.getHeight() - height - BORDER_H;
30          for (int i = 0; i < BALL_NUM; i++) {
31              center[i] = new Point(rand.nextInt(this.getWidth()-width), rand.nextInt(this.getHeight() -
height));
32              color[i] = new Color(rand.nextInt(256), rand.nextInt(256), rand.nextInt(256));
33              angle[i] = rand.nextInt(360);
34          }
35      }
36
37      public void start() {
38          for (int i = 0; i < BALL_NUM; i++) {
39              new Thread(new BallThread(i, 100 * (i+1))).start();
40          }
41      }
42      public void paint(Graphics g) {
43          innerWidth = this.getWidth() -width - BORDER_W;
44          innerHeight = this.getHeight() - height - BORDER_H;
45          g.drawImage(backImage, 0, 0, this.getWidth(), this.getHeight(), this);
46          for (int i = 0; i < BALL_NUM; i++) {
47              g.setColor(color[i]);
48              g.fillOval(center[i].x + BORDER_W, center[i].y + BORDER_H, width, height);
49          }
50          this.repaint();
51      }
52
53      class BallThread implements Runnable
54      {
55          int i;
56          int sleepTime;
57          public BallThread(int index, int sleepTime) {
58              this.i = index;
59              this.sleepTime = sleepTime;
60          }
61        public void run() {
62              while (true) {
63                  center[i].x = (int) (center[i].x + STEP * Math.cos((double)angle[i]*Math.PI/180));
64                  center[i].y = (int) (center[i].y - STEP * Math.sin((double)angle[i]*Math.PI/180));
```

```
65                          if (center[i].x >= innerWidth || center[i].x <= 0) //左右
66                          {
67                              angle[i] = (360+180-angle[i]) % 360;
68                              if (center[i].x >= innerWidth)
69                                  center[i].x = innerWidth;
70                              if (center[i].x <= 0)
71                                  center[i].x = 0;
72                          }
73                          if (center[i].y >= innerHeight || center[i].y <= 0) //上下
74                          {
75                              angle[i] = 360 - angle[i];
76                              if (center[i].y >= innerHeight)
77                                  center[i].y = innerHeight;
78                              if (center[i].y <= 0)
79                                  center[i].y = 0;
80                          }
81                          try {
82                              Thread.sleep(sleepTime);
83                          } catch (InterruptedException e) {
84                              e.printStackTrace();
85                          }
86                          repaint();
87                      }
88                  }
89          }
90          public static void main (String [] args) {
91              new ColorBall().start();
92          }
93      }
```

程序运行结果如图 9-2 所示。

图 9-2 “彩球飘飘”的效果图

第 10 章 简单网络聊天室

知识点、技能点

- 网络基础知识
- Java 中 Socket 使用方法

学习要求

- 掌握和了解介绍的网络的基础知识
- 掌握和了解面向连接和无连接 Socket 的使用方法和他们之间的区别

教学基础要求

- 掌握利用 Java Socket 实现通信的方法

10.1 任务预览

本章将利用 Java 的 Socket 编程来实现一个简单的一对一的网络聊天室。服务器端指定端口进行侦听。客户端指定需要连接的 IP 和端口，连接到服务器端。连接成功后双发可以互发消息，并且可以进行消息的记录，效果如图 10-1 和图 10-2 所示。

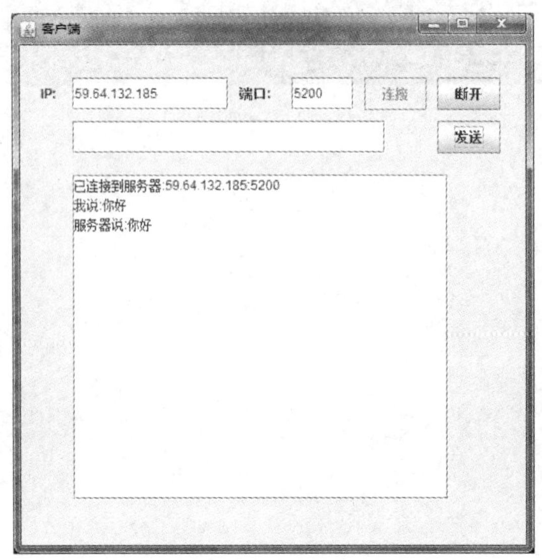

图 10-1　客户端程序

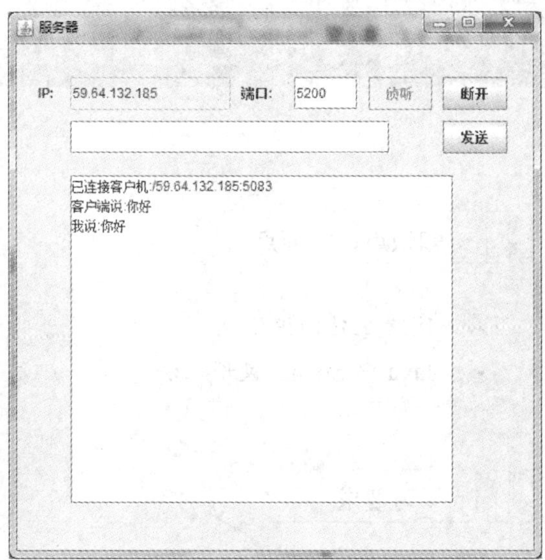

图 10-2　服务器端程序

10.2 相关知识

10.2.1 网络基础知识

在 Internet 被广泛使用的今天，网络编程显得更加重要。网络应用是 Java 语言取得成功的领域之一，Java 现在已经成为 Internet 上最为流行的一种编程语言。Java 语言的网络功能非常强大，其网络类库不仅可以用于开发、访问 Internet 应用层程序，而且还可以实现网络底层的通信。

网络协议的划分有 OSI 七层参考模型和 IP 协议组的五层协议。OSI 七层参考模型是由国际标准化组织（ISO）认定和实施的一个协议模型。OSI 参考模型经常用于阐述网络分层的原理，如图 10-3 所示。由于 Internet 上使用的都是 IP（网际协议），所以 Internet 程序员都会对 IP 协议组非常感兴趣。IP 协议组从理论上将网络分成五层而不是七层，如图 10-4 所示。

应用层	FTP、Telnet、Http
表示层	XNS
会话层	RPC
传输层	TCP、UDP
网络层	IP、Apple Talk
数据链路层	Ethernet frame
物理层	Voltage

图 10-3　OSI 参考模型七层协议

应用层	FTP、Telnet、Http
传输层	TCP、UDP
网络层	IP、Apple Talk
数据链路层	Ethernet frame
物理层	Voltage

图 10-4　IP 协议组的五层协议

1. TCP/IP

TCP/IP（Transmission Control Protocol/Internet Protocol）中译名为传输控制协议/Internet 互联协议，又名网络通信协议，是 Internet 最基本的协议、Internet 的基础，由网络层的 IP 和传输层的 TCP 组成。TCP/IP 定义了电子设备如何连入 Internet，以及数据如何在它们之间传输的标准。协议采用了 4 层的层级结构，每一层都呼叫它的下一层所提供的网络来完成自己的需求。

TCP 为传输控制的协议，主要负责聚集信息或把文件拆分成更小的包。这些包通过网络协议传送到接收端的 TCP 层，接收端的 TCP 层把包还原成原始文件。

IP 是网际控制协议，它处理每个包的地址部分，从而让这些包能够正确地到达目的地。网络上的网关通过 IP 地址来进行路由选择。即使同一个文件被拆分后的不同 IP 包也可能走不同的路由到达目的地。

2. TCP 和 UDP

在计算机网络协议的传输层，主要存在以下两个协议：TCP 和 UDP。

☑ TCP：一个“可靠的”、面向连接的传输机制。在客户端和服务器端传输数据前，必须先建立 TCP 连接。它提供一种可靠的字节流保证数据完整、无损并且按顺序到达。TCP 尽量连续不断地测试网络的负载并且控制发送数据的速度以避免网络过载。另外，TCP 试图将数据按照规定的顺序发送。这是它与 UDP 的不同之处，这在实时数据流或者路由高网络层丢失率应用的时候可能成为一个缺陷。

☑ UDP（User Datagram Protocol）：面向无连接的通信协议，UDP 数据包括目的端口号和源端口号信息，由于通信不需要连接，所以可以实现广播发送。UDP 通信时不需要接收方确认，属于不可靠的传输，可能会出丢包现象，实际应用中要求程序员编程验证。

在使用 UDP 时，每个数据报需要给出完整的目的地信息，而不需要建立客户端和服务器的连接；TCP 要求在传输数据之前必须建立连接，所以在 TCP 中多了一个建立连接的时间。

使用 UDP 传输数据报的大小限定在 64KB 之内，而通过 TCP 进行传输时，只要通信双方建立起连接，便可以传输大容量的数据。由于 UDP 是一个不可靠的协议，它不能保证客户端发送的数据报一定按次序到达服务器。而 TCP 是一个可靠的协议，它能确保服务器正确地接收到客户端发送的全部数据。

3. IP 地址

地址就是给每个连接在 Internet 上的主机分配的一个 32bit 地址。按照 TCP/IP 规定，IP 地址用二进制来表示，每个 IP 地址长 32bit，比特换算成字节，就是 4 字节。网络上的每台主机都有一个唯一的 IP 地址，计算机之间可通过 IP 地址找到发送信息的目的地。

最初设计互联网络时，为了便于寻址以及层次化构造网络，每个 IP 地址包括两个标识码（ID），即网络 ID 和主机 ID。同一个物理网络上的所有主机都使用同一个网络 ID，网络上的一个主机（包括网络上工作站，服务器和路由器等）有一个主机 ID 与其对应。Internet 委员会定义了 5 种 IP 地址类型以适合不同容量的网络，即 A 类～E 类。

其中 A、B、C 这 3 类（如表 10-1 所示）由 InternetNIC 在全球范围内统一分配，D、E 类为特殊地址。

表 10-1　3 类 IP 地址的范围

网络类别	最大网络数	第一个可用的网络号	最后一个可用的网络号	每个网络中的最大主机数
A	126	1	126	16 777 214
B	16382	128.1	191.255	65 534
C	2097150	192.0.1	223.255.255	254

在 Java 中，用 InetAddress 类来描述 IP 地址。这个类没有公共的构造方法，但是它提供了 3 个用来获取 InetAddress 对象的静态方法。这 3 个方法是：

```
InetAddress getLocalHost();                 //返回一个本地主机的 InetAddress 对象
InetAddress getByName(String host);    //返回主机名指定的 InetAddress 对象
InetAddress[] getAllByName(); //对于某个设置了多个 IP 地址的主机，可用该方法得到一个 IP 地址组
```

此外，InetAddress 类还提供以下方法。

```
String getHostAddress();                    //返回 IP 地址字符串
String getHostName();                       //返回主机名
```

下面是一个利用 InetAddress 类来获取 IP 地址和主机名的例子。

【例 10.1】

TestInetAddress.java:

```
1  import java.net.InetAddress;
2  public class TestInetAddress {
3      public static void main (String [] args)
4      {
5          try
6          {
7              InetAddress inetAdd;
```

```
8              inetAdd = InetAddress.getLocalHost();
9              System.out.println("本地主机的 IP 地址:" + inetAdd.getHostAddress());
10               System.out.println("本地主机名:" + inetAdd.getHostName());
11               inetAdd = InetAddress.getByName("www.baidu.com");
12               System.out.println("百度网主机 IP 地址:" + inetAdd.getHostAddress());
13               System.out.println("百度网主机名:" + inetAdd.getHostName());
14           }
15           catch (Exception e) {
16               System.out.println(e.getMessage());
17           }
18       }
19   }
```

输出结果：

```
本地主机的 IP 地址:59.64.132.185
本地主机名:BYD-PC
百度网主机 IP 地址:119.75.218.70
百度网主机名:www.baidu.com
```

在上面的程序中，先在第 8 行通过 getLocalHost()函数获取本地主机的 InetAddress 对象，然后利用得到的 InetAddress 对象获取主机的 IP 地址和主机名。在程序的第 11 行利用 InetAddress 的静态方法 getByName()函数通过域名 www.baidu.com 获取百度的 InetAddress 对象，然后再获取其主机名和 IP 地址，最后出现上面的运行结果。

4. 端口号

一台主机上总是有许多进程需要与网络进行通信，但是一台主机只有一个 IP 地址，那么怎么区分一台主机上与网络的各个进程呢？可以通过端口号。网络通信的对象是主机中运行的进程，为每一个进程分配一个不同的端口号，要想与一台主机上的某一个进程通信，则必须指定对应的 IP 地址和端口号。

如果把拥有一个 IP 地址的主机比作一个房子，那么端口就是出入这个房子的门。一台主机的端口号最多有 65 536 个。端口是用端口号来标记的，端口号用 0～65 535 的整数来表示。

10.2.2　Java 的 Socket 编程

Socket 是网络上运行的两个程序间双向通信的一端，既可以接受请求，也可以发送请求，利用它可以较为方便地编写网络上数据的传递。在 Java 中，有专门的 Socket 类来处理用户的请求和响应。利用 Socket 类的方法，就可以实现两台计算机之间的通信。本章介绍在 Java 中如何利用 Socket 进行网络编程。

每个 Socket 主要需要确定的有 3 个参数，即 IP 地址、传输层的协议（TCP 或 UDP）和端口号。使用 Socket 进行客户端/服务器端通信时，可以分为 3 个步骤：服务器监听，客户端请求，连接确认。

☑ 服务器监听：服务器端 Socket 实时监听某个端口是否有连接的请求。

☑ 客户端请求：客户端的 Socket 提出连接的请求，要连接的目标是服务器端的

Socket。客户端的 Socket 首先需要知道服务器端的 Socket 的 IP 地址和端口号，然后再向其发送连接的请求。

☑ 连接确认：当服务器端 Socket 监听到客户端 Socket 的连接请求时，就响应客户端的连接，并创建一个新的线程，然后把服务器端的 Socket 描述发给客户端。客户端的 Socket 收到此连接确认，一个 Socket 连接就建立起来了。

Socket 有两种主要的操作方式：面向连接的和无连接的。面向连接的 Socket 操作就像一部电话，必须建立一个连接和一人呼叫。所有的事情在到达时的顺序与它们出发时的顺序一样，无连接的 Socket 操作就像是一个邮件投递，没有什么保证，多个邮件到达时的顺序可能与出发时的顺序不一样。

无连接的操作使用数据报协议。一个数据报是一个独立的单元，它包含了所有的这次投递的信息。可以把它想象成一个信封，它有目的地址和要发送的内容。这个模式下的 Socket 不需要连接一个目的 Socket，它只是简单地投出数据报。无连接的操作是快速且高效的，但是数据安全性不佳。

面向连接的操作使用 TCP。一个这个模式下的 Socket 必须在发送数据之前与目的地的 Socket 取得一个连接。一旦连接建立了，Socket 就可以使用一个流接口：打开—读—写—关闭。所有发送的信息都会在另一端以同样的顺序被接收。面向连接的操作比无连接的操作效率更低，但是数据的安全性更高。

1. 面向连接的 Socket 编程

在 java.net 包中定义了 Socket 类和 Server Socket 类，它们是实现面向连接的 Socket 通信的主要工具。创建 Socket 对象就创建了一个客户端与服务器端的连接，而创建一个 ServerSocket 对象就创建了一个监听服务。

（1）ServerSocket 类

每个服务器套接口运行在服务器上特定的端口，监听在这个端口的 TCP 连接。当远程客户端的 Socket 试图与服务器指定端口建立连接时，服务器被激活，判定客户程序的连接，并打开两个主机之间固有的连接。一旦客户端与服务器建立了连接，两者之间就可以传送数据，而数据是通过这个固有的套接口传递的。

ServerSocket 类的构造方法有：

```
ServerSocket(int port);
ServerSocket(int port, int count);
```

其中 port 表示端口号，count 表示服务器端能支持的最大连接数目。例如：

```
ServerSocket server = new ServerSocket(8000);
```

上面的例子指定服务器端的 8000 端口进行监听。在创建一个 ServerSocket 对象之后，就可以调用 accept()方法来接受来自客户端的请求，其格式如下。

```
Socket mySocket = server.accept();
```

ServerSocket 对象的 accept()方法会使服务器端的程序一直处于阻塞状态，直到捕获到一个来自客户端的请求，并返回一个 Socket 类的对象来处理与客户端的通信。

当需要结束监听时，可以使用下面的语句关闭这个 ServerSocket 对象。

```
server.close();
```

（2）Socket 类

在 Java 中，一个 Socket 表示一个 TCP 网络连接。用 Socket 类，一个客户可以和一个远程主机建立一个基于流的通信通道。

Socket 类的构造方法有：

```
Socket(String host, int port);
Socket(String host, int port, boolean stream);
Socket(InetAddress address, int port);
Socket(InetAddress address, int port, boolean stream);
Socket(InetAddress address, int port, InetAddress localAddr, int localPort);
```

其中 host 表示连接主机的主机名，port 表示连接主机的端口号。address 表示前面介绍表示 IP 地址的对象。localAddr 和 localPort 分别表示本地的 IP 地址和端口号。例如：

```
Socket client = new Socket("www.baidu.com", 80);
```

在主机上，每一个端口对应于特殊的服务，只有指定了正确的端口号，才能获得相应的服务。0～1023 的端口号为系统所保留，例如，http 服务的端口号为 80，telnet 的端口号为 21，ftp 的端口号为 31。在建立服务时，最好选择一个大于 1023 的数字作为端口号，以防止发生端口冲突。

Socket 类常用的方法有：

```
InetAddress getInetAddress()                        //返回该套接口所连接的 IP 地址
int getPort()                                       //返回该套接口所连接的远程端口
synchronized void close() throws IOException        //关闭套接口
InputStream getInputStream() throws IOException     //获得套接口绑定的数据的输入流，
DataInputStream 为 InputStream 的子类
OutputStream getOutputStream() throws IOException   //获得向套接口绑定的数据的输出流
```

创建一个新的 Socket 对象之后，就可以使用 getInputStream()方法获取一个 InputStream 流，然后再利用这个 InputStream 流从主机获取数据。使用 getOutputStream()方法可以获得一个 OutputStream 对象，利用它可以发送信息到某个主机。

下面是一个基于面向连接的 Socket 的服务器端/客户端的例子。

【例 10.2】

Client.java:

```
1   import java.io.DataInputStream;
2   import java.io.DataOutputStream;
3   import java.io.IOException;
4   import java.net.Socket;
5
```

```
6  public class Client {
7      public static void main (String [] args)
8      {
9          String clientMsg = null;
10          Socket socket;
11          DataInputStream in = null;
12          DataOutputStream out = null;
13          try
14          {
15              socket = new Socket("localhost", 4000);
16              in = new DataInputStream(socket.getInputStream());
17              out = new DataOutputStream(socket. getOutputStream());
18              out.writeUTF("你好~");
19              for (int i = 0; i < 4; i++) {
20                  clientMsg = in.readUTF();
21                  java.util.Date date = new java.util.Date();
22                  out.writeUTF(date + ":client 发送信息");
23                  System.out.println("收到服务器端信息:" + clientMsg);
24                  Thread.sleep(2000);
25              }
26              out.close();
27              in.close();
28              socket.close();
29          }
30          catch (IOException e) {
31              System.out.println("连接失败");
32          }
33          catch (InterruptedException e) {}
34      }
35  }
```

Server.java:

```
1  import java.io.DataInputStream;
2  import java.io.DataOutputStream;
3  import java.io.IOException;
4  import java.net.ServerSocket;
5  import java.net.Socket;
6  public class Server {
7      public static void main (String [] args)
8      {
9          ServerSocket server = null;
10          Socket client;
11          String serverMsg = null;
12          DataInputStream in = null;
13          DataOutputStream out = null;
14          try {
15              server = new ServerSocket(4000);
16          }
17          catch (IOException e) {
```

```
18                    System.out.println(e.getMessage());
19                }
20                try {
21                    client = server.accept();
22                    in = new DataInputStream(client. getInputStream());
23                    out = new DataOutputStream(client. getOutputStream());
24                    for (int i = 0; i < 4; i++) {
25                        serverMsg = in.readUTF();
26                        out.writeUTF("你好，服务器收到:" + serverMsg);
27                        System.out.println("服务器收到:" + serverMsg);
28                        Thread.sleep(2000);
29                    }
30                    in.close();
31                    out.close();
32                    client.close();
33                    server.close();
34                }
35                catch (IOException e) {
36                    System.out.println(e.getMessage());
37                }
38                catch (InterruptedException e) {}
39            }
40    }
```

Client:

```
收到服务器端信息:你好，服务器收到:你好~
收到服务器端信息:你好，服务器收到:Fri Aug 03 10:53:15 CST 2012:client 发送信息
收到服务器端信息:你好，服务器收到:Fri Aug 03 10:53:17 CST 2012:client 发送信息
收到服务器端信息:你好，服务器收到:Fri Aug 03 10:53:19 CST 2012:client 发送信息
```

Server:

```
服务器收到:你好~
服务器收到:Fri Aug 03 11:03:05 CST 2012:client 发送信息
服务器收到:Fri Aug 03 11:03:07 CST 2012:client 发送信息
服务器收到:Fri Aug 03 11:03:09 CST 2012:client 发送信息
```

2. 无连接的 Socket 编程

在 java.net 包中提供了 DatagramPacket 类和 DatagramSocket 类来支持无连接的 Socket 通信，DatagramSocket 类用于在程序之间建立传送数据包的通信连接，而 DatagramPacket 类则用于存储数据报等信息。

（1）DatagramSocket 类

DatagramSocket 类的构造方法有：

```
DatagramSocket();
DatagramSocket(int port);
DatagramSocket(int port, InetAddress localAddr);
```

其中，port 表示端口号，localAddr 表示本地地址。构造方法会抛出 SocketException 异常。

（2）DatagramPacket 类

用数据报方式编写 Client/Server 程序时，无论在客户端还是在服务器端，都首先需要建立一个 DatagramSocket 对象，用来接收或发送数据报，而 DatagramPacket 对象是数据报的传送载体。DatagramPacket 类的构造方法如下。

```
DatagramPacket(byte[] buf, int length);
DatagramPacket(byte[] buf, int length, InetAddress address, int port);
```

其中 buf 表示需要发送的数据，length 表示数据报的长度，address 和 port 表示数据报发送的目的地和主机的端口号。

在客户端或者服务器端接收数据之前，应该使用 Datagrampacket 类的第一种构造方法创建一个 Datagrampacket 对象，然后调用 DatagramSocket 类的 receive()方法等待数据报的到来。在客户端或服务器端接收数据报的方法如下。

```
DatagramSocket socket = new DatagramSocket();
DatagramPacket packet = new DatagramPacket(buf, 256);
socket.receive();
```

在发送数据前，需要先使用 Datagrampacket 类的第二种构造方法创建一个新的 Datagrampacket 对象，即要指明数据报发送的目的地址和端口号。发送数据报是通过 DatagramSocket 类的 send()方法实现的。在客户端或服务器端发送数据的方法如下。

```
DatagramSocket socket = new DatagramSocket();
DatagramPacket packet = new DatagramPacket(buf, length, address, port);
socket.send(packet);
```

下面是一个基于无连接的 Socket 的服务器端/客户端的例子。

【例 10.3】

Client.java:

```
1   import java.io.IOException;
2   import java.net.DatagramPacket;
3   import java.net.DatagramSocket;
4   import java.net.InetAddress;
5
6   public class Client {
7       public static void main (String [] args)
8       {
9           try {
10                  DatagramSocket socket = new DatagramSocket();
11                  String msg = "Hello!!";
12                  InetAddress addr = InetAddress.getLocalHost();
13                  DatagramPacket packet = new DatagramPacket(msg.getBytes(),
14                              msg.getBytes().length, addr, 6000);
15                  socket.send(packet);
16                  socket.close();
```

```
17            }
18            catch (IOException e) {
19                System.out.println(e.getMessage());
20            }
21        }
22    }
```

Server.java:

```
1   import java.io.IOException;
2   import java.net.DatagramPacket;
3   import java.net.DatagramSocket;
4
5   public class Server {
6       public static void main (String [] args)
7       {
8           try {
9               DatagramSocket socket = new DatagramSocket(6000);
10              byte[] buf = new byte[256];
11              DatagramPacket packet = new DatagramPacket(buf, buf.length);
12              socket.receive(packet);
13
14              String msg = new String(packet.getData(), 0, packet.getLength()) + "from" +
15              packet.getAddress().getHostAddress() + ":" + packet.getPort();
16              System.out.println(msg);
17              socket.close();
18          }
19          catch (IOException e) {
20              System.out.println(e.getMessage());
21          }
22      }
23  }
```

输出结果（Server）：

```
Hello!!from59.64.132.185:55463
```

10.3 任务实现

本节将利用前面介绍的Socket通信连接的方法，建立客户端和服务器端的Socket连接。然后，在客户端和服务器端分别开一个线程来监听对方发送的数据。参考代码如下。

ChatClient.java:

```
1   import javax.swing.*;
2   import java.awt.*;
3   import java.awt.event.*;
4   import java.io.*;
```

```
5   import java.net.*;
6
7   public class ChatClient extends JFrame
8   {
9       JLabel ipJLabel = new JLabel("IP:");
10      JLabel portJLabel = new JLabel("端口:");
11      JTextField ipField = new JTextField();
12      JTextField portField = new JTextField();
13      JTextField msgField = new JTextField();
14      JButton connectBtn = new JButton("连接");
15      JButton disConBtn = new JButton("断开");
16      JButton sendBtn = new JButton("发送");
17      JTextArea msgRecArea = new JTextArea();
18      JScrollPane scrollPanel = new JScrollPane(msgRecArea);
19      Socket client;
20      DataInputStream dis = null;
21      DataOutputStream dos = null;
22      ListenClient lisClient = null;
23      boolean isConnected = false;
24
25      public ChatClient() {
26          super("客户端");
27          this.setSize(500, 500);
28          this.setLayout(null);
29          this.setVisible(true);
30          ipJLabel.setBounds(20, 30, 20, 30);
31          ipField.setBounds(50, 30, 150, 30);
32          portJLabel.setBounds(210, 30, 50, 30);
33          portField.setBounds(260, 30, 60, 30);
34          connectBtn.setBounds(330, 30, 60, 30);
35          disConBtn.setBounds(400, 30, 60, 30);
36          this.add(ipJLabel);
37          this.add(ipField);
38          this.add(portJLabel);
39          this.add(portField);
40          this.add(connectBtn);
41          this.add(disConBtn);
42          msgField.setBounds(50, 70, 300, 30);
43          sendBtn.setBounds(400, 70, 60 , 30);
44          this.add(msgField);
45          this.add(sendBtn);
46          scrollPanel.setBounds(50, 120, 360, 300);
47          this.add(scrollPanel);
48          msgRecArea.setEditable(false);
49          disConBtn.setEnabled(false);
50          ButtonListener listener = new ButtonListener();
51          connectBtn.addActionListener(listener);
52          disConBtn.addActionListener(listener);
53          sendBtn.addActionListener(listener);
```

```
54          this.addWindowListener(new WindowAdapter() {
55              public void windowClosing(WindowEvent e) {
56                  System.exit(0);
57              }
58          });
59      }
60      private class ListenClient implements Runnable {
61          public void run() {
62              try {
63                  while (isConnected) {
64                      String line = dis.readUTF();
65                      msgRecArea.append("服务器说:" + line + "\n");
66                  }
67              }
68              catch (IOException ex) {
69              }
70          }
71      }
72      class ButtonListener implements ActionListener {
73          public void actionPerformed(ActionEvent e) {
74              String cmd = e.getActionCommand();
75              if (cmd.equals("连接")) {
76                  if (ipField.getText().equals("")) {
77                      JOptionPane.showMessageDialog(null, "请输入 IP",
78                              "提示",JOptionPane.ERROR_MESSAGE);
79                      return;
80                  }
81                  if (portField.getText().equals("")) {
82                      JOptionPane.showMessageDialog(null, "请输入端口号",
83                              "提示",JOptionPane.ERROR_MESSAGE);
84                      return;
85                  }
86                  int port = Integer.parseInt(portField.getText());
87                  String ip = ipField.getText();
88                  connectBtn.setEnabled(false);
89                  disConBtn.setEnabled(true);
90                  try {
91                      client = new Socket(ip, port);
92                                  msgRecArea.append("已连接到服务器:" + client.getInet
Address().getHostAddress() + ":" + client.getPort() + "\n");
93                      dis = new DataInputStream(client.getInputStream());
94                      dos = new DataOutputStream (client.getOutputStream());
95                      isConnected = true;
96                      lisClient = new ListenClient();
97                      new Thread(lisClient).start();
98                  }
99                  catch (IOException ex) {
100                     JOptionPane.showMessageDialog(null, ex.getMessage(),
101                             "提示",JOptionPane.ERROR_MESSAGE);
```

```
102                  }
103              }
104              else if (cmd.equals("断开")) {
105                  try {
106                      client.close();
107                  } catch (IOException ex) {
108                          JOptionPane.showMessageDialog(null, ex.getMessage(),
109                                  "提示",JOptionPane.ERROR_MESSAGE);
110                  }
111                  connectBtn.setEnabled(true);
112                  disConBtn.setEnabled(false);
113              }
114              else if (cmd.equals("发送")) {
115                  try {
116                      String content = msgField.getText();
117                      msgField.setText(null);
118                      dos.writeUTF(content);
119                      msgRecArea.append("我说:" + content + "\n");
120                  }
121                  catch (IOException ex) {
122                      JOptionPane.showMessageDialog(null, ex.getMessage(),
123                              "提示",JOptionPane.ERROR_MESSAGE);
124                  }
125              }
126          }
127      }
128      public static void main (String [] args) {
129          ChatClient chatClient = new ChatClient();
130      }
131  }
```

ChatServer.java:

```
1   import javax.swing.*;
2   import java.awt.*;
3   import java.awt.event.*;
4   import java.io.*;
5   import java.net.*;
6
7   public class ChatServer extends JFrame{
8       JLabel ipJLabel = new JLabel("IP:");
9       JLabel portJLabel = new JLabel("端口:");
10      JTextField ipField = new JTextField();
11      JTextField portField = new JTextField();
12      JTextField msgField = new JTextField();
13      JButton listenBtn = new JButton("侦听");
14      JButton disConBtn = new JButton("断开");
15      JButton sendBtn = new JButton("发送");
16      JTextArea msgRecArea = new JTextArea();
17      JScrollPane scrollPanel = new JScrollPane(msgRecArea);
```

```
18
19      ServerSocket server;
20      Socket client;
21      DataInputStream dis = null;
22      DataOutputStream dos = null;
23      boolean isConnected = false;
24      ListenClient lisClient = null;
25
26      public ChatServer() {
27          super("服务器");
28          this.setSize(500, 500);
29          this.setLayout(null);
30          this.setVisible(true);
31          ipJLabel.setBounds(20, 30, 20, 30);
32          ipField.setBounds(50, 30, 150, 30);
33          portJLabel.setBounds(210, 30, 50, 30);
34          portField.setBounds(260, 30, 60, 30);
35          listenBtn.setBounds(330, 30, 60, 30);
36          disConBtn.setBounds(400, 30, 60, 30);
37          this.add(ipJLabel);
38          this.add(ipField);
39          this.add(portJLabel);
40          this.add(portField);
41          this.add(listenBtn);
42          this.add(disConBtn);
43
44           msgField.setBounds(50, 70, 300, 30);
45           sendBtn.setBounds(400, 70, 60 , 30);
46           this.add(msgField);
47           this.add(sendBtn);
48           scrollPanel.setBounds(50, 120, 360, 300);
49           this.add(scrollPanel);
50           msgRecArea.setEditable(false);
51           disConBtn.setEnabled(false);
52           ipField.setEditable(false);
53
54           InetAddress inetAddr;
55        try {
56             inetAddr = InetAddress.getLocalHost();
57              ipField.setText(inetAddr.getHostAddress());
58        } catch (UnknownHostException e) {
59             e.printStackTrace();
60        }
61           ButtonListener listener = new ButtonListener();
62           listenBtn.addActionListener(listener);
63           disConBtn.addActionListener(listener);
64           sendBtn.addActionListener(listener);
65           this.addWindowListener(new WindowAdapter() {
66               public void windowClosing(WindowEvent e) {
```

```
67                        System.exit(0);
68                    }
69                });
70            }
71            private class ListenClient implements Runnable {
72                public void run() {
73                    try {
74                        while (isConnected) {
75                            String line = dis.readUTF();
76                            msgRecArea.append("客户端说:" + line + "\n");
77                        }
78                    }
79                    catch (IOException ex) {
80                    }
81                }
82            }
83
84            class ButtonListener implements ActionListener {
85                public void actionPerformed(ActionEvent e) {
86                    String cmd = e.getActionCommand();
87                    if (cmd.equals("侦听")) {
88                        if (portField.getText().equals("")) {
89                            JOptionPane.showMessageDialog(null, "请输入端口号",
90                                    "提示",JOptionPane.ERROR_MESSAGE);
91                            return;
92                        }
93                        int port = Integer.parseInt(portField.getText());
94                        listenBtn.setEnabled(false);
95                        disConBtn.setEnabled(true);
96                        try {
97                            server = new ServerSocket(port);
98                            client = server.accept();
99                            msgRecArea.append("已连接客户机:" + client.getInetAddress().toString() +
":" + client.getPort() + "\n");
100                           dis = new DataInputStream(client.getInputStream());
101                           dos = new DataOutputStream(client.getOutputStream());
102                           isConnected = true;
103                           lisClient = new ListenClient();
104                           new Thread(lisClient).start();
105                       }
106                       catch (IOException ex) {
107                           JOptionPane.showMessageDialog(null, ex.getMessage(),
108                                   "提示",JOptionPane.ERROR_MESSAGE);
109                       }
110                   }
111                   else if (cmd.equals("断开")) {
112                       try {
113                           server.close();
114                       } catch (IOException ex) {
```

```
115                     JOptionPane.showMessageDialog(null, ex.getMessage(),
116                             "提示",JOptionPane.ERROR_MESSAGE);
117                 }
118                 listenBtn.setEnabled(true);
119                 disConBtn.setEnabled(false);
120             }
121             else if (cmd.equals("发送")) {
122                 try {
123                     String content = msgField.getText();
124                     msgField.setText(null);
125                     dos.writeUTF(content);
126                     msgRecArea.append("我说:" + content + "\n");
127                 }
128                 catch (IOException ex) {
129                     JOptionPane.showMessageDialog(null, ex.getMessage(),
130                             "提示",JOptionPane.ERROR_MESSAGE);
131                 }
132             }
133         }
134     }
135     public static void main (String [] args) {
136         ChatServer chatServer = new ChatServer();
137     }
138 }
```

客户端程序和服务器端程序运行结果分别如图 10-5 和图 10-6 所示。

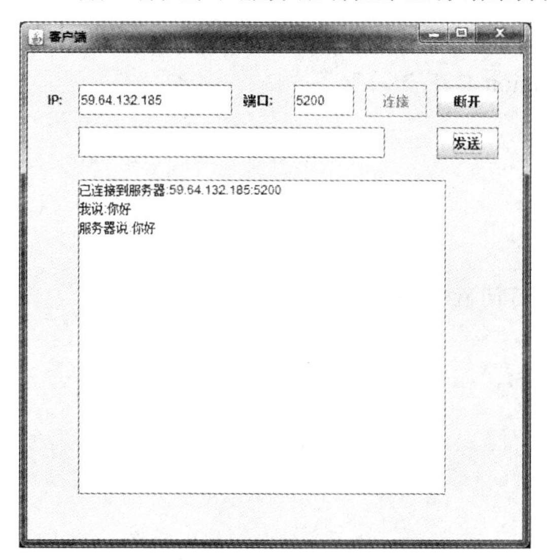

图 10-5　客户端程序

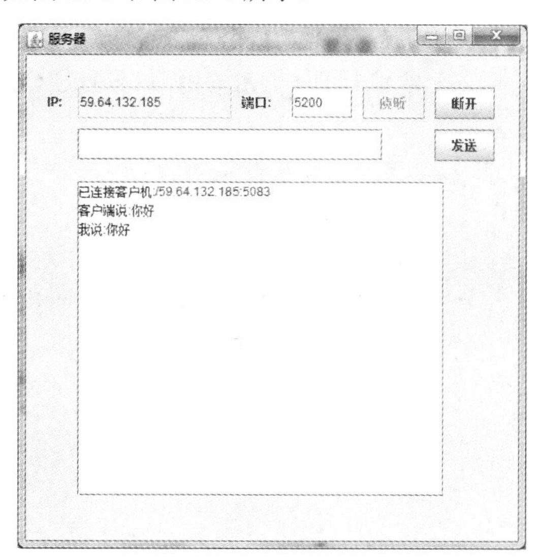

图 10-6　服务器端程序

第 11 章
获取 IP 地址地理位置

知识点、技能点

- URL 的基本知识
- Java 中 URL 类和 URLConnection 类的使用和区别

学习要求

- 了解 URL 的概念和格式
- 掌握和了解利用 URL 类和 URLConnection 类下载网页的方法

教学基础要求

- 掌握利用 URL 类和 URLConnection 类访问网页的方法

11.1　任务预览

在 IP 探索者网站（http://ipseeker.cn/index.php?job=search）上，输入一个 IP 地址就可以查询到这个 IP 地址的地理位置，如图 11-1 所示。在该网站中只需要传递给服务器一个 IP 地址，服务器就可以返回这个 IP 地址的地理位置信息。

图 11-1　IP 地址的地理位置查询

本章将用 Java 程序向服务器传递一个 IP 地址，然后返回 IP 地址的地理位置信息。如图 11-2 所示。

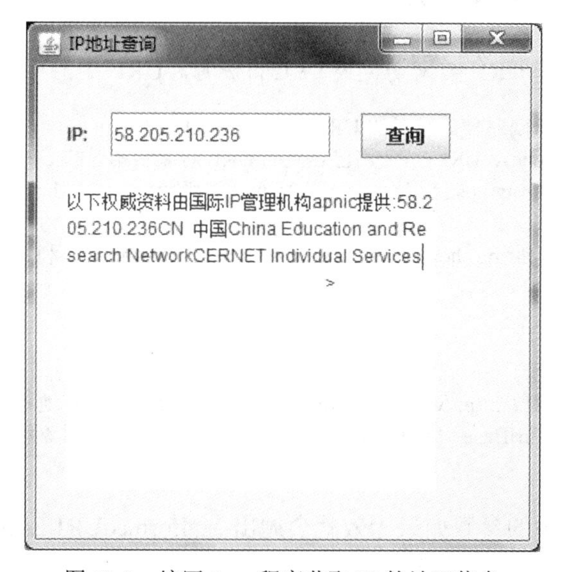

图 11-2　编写 Java 程序获取 IP 的地理信息

11.2　相关知识

11.2.1　URL 简介

URL（Uniform Resource Locator）称为统一资源定位符，也被称为网页地址。URL 是用于完整地描述 Internet 上网页和其他资源的地址的一种标识方法。Internet 上的每一个网页都具有一个唯一的名称标识，通常称为 URL 地址，这种地址可以是本地磁盘，也可以是局域网上的某一台计算机，更多的是 Internet 上的站点。

对于 Internet 服务器或万维网服务器上的目标文件，可以使用"统一资源定位符(URL)"地址（该地址以"http://"开始）。Web 服务器使用"超文本传输协议（HTTP）"（一种"幕后的"Internet 信息传输协议）。例如，http://www.microsoft.com/ 为 Microsoft 网站的万维网 URL 地址。

URL 的一般格式为（带方括号[]的为可选项）：

```
protocol :// hostname[:port] / path / [;parameters][?query]#fragment
```

其中：

- ☑ Protocol：表示使用的传输协议，常用的协议有 http、ftp 和 file 等。
- ☑ hostname：表示资源所在的 Internet 主机名。主机名和 IP 地址是一一对应的，通过域名解析可以由主机名得到 IP 地址。
- ☑ port：表示端口号，每一个 Internet 协议都有自己对应的默认端口号。
- ☑ path：表示资源所在的路径。

11.2.2 Java 中的 URL 类

在 Java 中，提供了 URL 类来访问网络上的资源。URL 类的构造方法有：

```
URL(String absoluteURL); //使用绝对的 URL 地址创建 URL 对象
URL(URL url, String relativeURL); //使用已建立的 URL 对象和相对的 URL 地址创建一个 URL 对象
URL(String protocol, String host, String resourceName); //利用 protocol、host 和 resourceName 创建 URL 对象
URL(String protocol, String host, int port String resourceName); //利用 protocol、host、port 和 resourceName 创建 URL 对象
```

例如：

```
URL urlBase = new URL("http://www.sina.com.cn"); //使用绝对的 URL 地址创建 URL 对象
URL url = new URL(urlBase, "/index.html"); //使用已建立的 URL 对象和相对的 URL 地址创建一个 URL 对象
```

URL 类构造方法中的参数如果无效就会抛出 MalformedURLException 异常。一般情况下，程序设计过程中要捕获并处理这个异常。

URL 类提供的方法主要包括对 URL 类对象特征（例如，协议名、主机名、文件名、端口号和标记）的查询和对 URL 类对象的读操作。下面的方法允许解析 URL 并获得它所指的数据。

```
String getProtocol();        //返回 URL 的协议名，包括 http、ftp 和 mailto 等
String getHost();            //返回该 URL 的主机名
int getPort();               //返回该 URL 的端口号。如果没有指定，则返回-1 并使用默认的端口
String getFile();            //返回该 URL 的文件名及路径
String getRef();             //返回该 URL 的参考部分。如果存在，是 URL 中#号后面的部分
```

下面是一个使用 URL 类方法获取 URL 特征的例子。

【例 11.1】TestURLMethold.java:

```
1   import java.net.MalformedURLException;
2   import java.net.URL;
3
4   public class TestURLMethold {
5       public static void main (String [] args)
6       {
7           try {
8               URL url = new URL("http://sports.sina.com.cn/nba");
9               Systcm.out.println("protocol:" + url.getProtocol());
10              System.out.println("host:" + url.getHost());
11              System.out.println("fileName:" + url.getFile());
12              System.out.println("port:" + url.getPort());
13              System.out.println("ref:" + url.getRef());
14          }
15          catch (MalformedURLException e) {
16              System.out.println(e.getMessage());
17          }
18      }
19  }
```

输出结果：

```
protocol:http
host:sports.sina.com.cn
fileName:/nba
port:-1
ref:null
```

通过 URL 类的成员方法 public final InputStream openStream() throws IOException 可以与 URL 类的实例对象所指向的资源建立起关联，从而可以将该网络资源当作一种特殊的数据流。这样就可以利用处理数据流的方法获取该网络资源。常用的读取网络资源数据的步骤如下：

（1）创建 URL 类的实例对象，使其指向给定的网络资源。

（2）通过 URL 类的成员方法 openStream 建立起 URL 连接，并返回输入流对象引用，以便读取数据。

（3）通过 BufferedInputStream 或 BufferedReader 封装输入流。

（4）读取数据，并进行数据处理。

（5）关闭数据流。

【例 11.2】

TestReadHTML.java:

```
1   import java.io.BufferedReader;
2   import java.io.InputStreamReader;
3   import java.net.URL;
```

```
4
5  public class TestReadHTML {
6      public static void main (String [] args)
7      {
8          try {
9              URL url = new URL("http://www.baidu.com/");
10              BufferedReader in = new BufferedReader(new
11                      InputStreamReader(url.openStream()));
12              String line;
13              while ((line = in.readLine()) != null) {
14                  System.out.println(line);
15              }
16              in.close();
17          }
18          catch (Exception e) {
19              System.out.println(e.getMessage());
20          }
21      }
22  }
```

输出结果：

```
<!doctype html><html><head><meta http-equiv="Content-Type" content="text/html; charset=gb2312">
<title>百度一下，你就知道</title><style>html{overflow-y:auto}body{font:12px arial;text-align:center;
background:#fff}body
…
```

11.2.3 Java 中的 URLConnection 类

URLConnection 是一个抽象类，代表与 URL 指定的数据源的动态连接，URLConnection 类提供比 URL 类更强的服务器交互控制。URLConnection 允许用 POST 或 PUT 和其他 HTTP 请求方法将数据传回服务器。在 java.net 包中只有抽象的 URLConnection 类，其中的许多方法和字段与单个构造器一样是受保护的，这些方法只可以被 URLConnection 类及其子类访问。

使用 URLConnection 类的一般步骤如下：

（1）创建 URL 类的实例对象，使其指向给定的网络资源。

（2）通过 URL 类的成员方法 openStream 建立起 URL 连接，并返回输入流对象引用，以便读取数据。

（3）通过 BufferedInputStream 或 BufferedReader 封装输入流。

（4）读取数据，并进行数据处理。

（5）关闭数据流。

下面是一个使用 URLConnection 类下载网页的例子。

【例 11.3】

TestURLConnection.java:

```
1  import java.io.BufferedReader;
```

```
2   import java.io.InputStreamReader;
3   import java.net.URL;
4   import java.net.URLConnection;
5
6   public class TestURLConnection {
7       public static void main (String [] args)
8       {
9           try {
10                  URL url = new URL("http://www.baidu.com/");
11                  URLConnection con = url.openConnection();
12                  BufferedReader in = new BufferedReader(new
13                          InputStreamReader(con.getInputStream()));
14                  String line;
15                  while ((line = in.readLine()) != null) {
16                      System.out.println(line);
17                  }
18                  in.close();
19              }
20              catch (Exception e) {
21                  System.out.println(e.getMessage());
22              }
23      }
24  }
```

上面的程序运行结果与前面 URL 的例子相同，在程序的第 11 行利用 URL 的 openConnection()方法建立了一个 URLConnection 对象，然后在第 13 行利用 URLConnection 的 getInputStream()方法获取输入流。

利用 URLConnection 对象不仅能够获取网页内容，还可以向服务器发送请求参数。利用 URLConnection 向服务器发送请求参数的一般步骤如下：

（1）创建 URL（包括 CGI 文件名）对象。

（2）打开一个到该 URL 的链接，建立相应的 URLConnection 对象。

（3）从 URLConnection 对象获取其绑定的输出流，这个输出流就是连接到服务器端 CGI 的标准输入流。

（4）向这个输出流中写数据。

（5）关闭这个输出流。

11.3　任务实现

本节将利用前面介绍的 URLConnection 类建立与网站 http://ipseeker.cn/index.php?Job=search 的链接，然后利用 URLConnection 类的方法 getInputStream()和 getOutputStream()获取输入/输出流。利用输出流向服务器传递 IP，然后利用输入流获取服务器返回的位置信息。

通过分析返回的 HTML 源代码，可以发现“以下权威资料由国际 IP 管理机构 apnic 提供：”这段话所在程序行即为包含位置信息的 HTML 源码，然后去掉 HTML 的一些标识符就是所需要的地理位置信息。参考代码如下。

QueryIP.java:

```
1   import java.net.*;
2   import java.io.*;
3   import java.awt.*;
4   import java.awt.event.*;
5   import javax.swing.*;
6
7   public class QueryIP extends JFrame{
8       JLabel ipLabel = new JLabel("IP:");
9       JTextField ipField = new JTextField();
10      JButton queryBtn = new JButton("查询");
11      JTextArea resultArea = new JTextArea();
12
13      public QueryIP() {
14          super("IP 地址查询");
15          this.setSize(350, 350);
16          this.setLayout(null);
17          ipLabel.setBounds(20, 30, 20, 30);
18          ipField.setBounds(50, 30, 150, 30);
19          queryBtn.setBounds(220, 30, 60, 30);
20          resultArea.setBounds(20, 80, 250, 200);
21          resultArea.setLineWrap(true);
22          this.add(ipLabel);
23          this.add(ipField);
24          this.add(queryBtn);
25          this.add(resultArea);
26          this.setVisible(true);
27
28          QueryListener listener = new QueryListener();
29          queryBtn.addActionListener(listener);
30          this.addWindowListener(new WindowAdapter() {
31              public void windowClosing(WindowEvent e) {
32                  System.exit(0);
33              }
34          });
35      }
36
37      class QueryListener implements ActionListener {
38          public void actionPerformed(ActionEvent e) {
39              String ip = ipField.getText();
40              if (ip.equals("")) {
41                  JOptionPane.showMessageDialog(null, "请输入 IP",
42                          "提示",JOptionPane.ERROR_MESSAGE);
43                  return;
44              }
45              try {
46                  URL url = new URL("http://ipseeker.cn/index.php?job =search");
```

```
47                    URLConnection connect = url.openConnection();
48                    connect.setDoOutput(true);
49                    PrintWriter out = new Print Writer ( connect. getOutputStream ());
50                    out.write("search_ip=" + ip + "&B1=%B2%E9%D1%AF");
51                    out.close();
52                    InputStream in = connect.getInputStream();
53                    String content = "";
54                    byte[] bs = new byte[256];
55                    while (in.read(bs) != -1){
56                        content += new String(bs, "gb2312");
57                    }
58                    String[] line = content.split("\n");
59                    String result = "";
60                    for (int i = 0; i < line.length; i++) {
61                        if (line[i].indexOf("以下权威资料由国际 IP 管理机构 apnic 提供:") != -1) {
62                            result = line[i].trim().replaceAll("\\&[a-zA-Z]{1,10}", "").replaceAll
                              ("<[^>]*>", "");
63                            break;
64                        }
65                    }
66                    resultArea.setText(result);
67                }
68                catch (IOException ex) {
69                    JOptionPane.showMessageDialog(null, ex.getMessage(),
70                            "提示",JOptionPane.ERROR_MESSAGE);
71                }
72            }
73        }
74        public static void main (String [] args) {
75            new QueryIP();
76        }
77    }
```

程序运行结果如图 11-3 所示。

图 11-3　解析 IP 地址的位置

参考文献

[1] 徐义晗，史梦安．Java 程序设计项目化教程[M]．北京：北京大学出版社，2011．
[2] 丁永卫，谢志伟．Java 程序设计实例与教程[M]．北京：航空工业出版社，2011．
[3] 陈文兰，刘红霞．Java 基础案例教程[M]．北京：北京大学出版社，2009．
[4] 吴仁群．Java 基础教程[M]．北京：清华大学出版社，2009．
[5] 曲培新．Java 项目案例开发精粹[M]．北京：电子工业出版社，2010．